KODLAB.tv

Kitabın yanında "Hediye" olarak verilen eğitim videolarını **www.kodlab.tv** adresinden aşağıdaki adımları uygulayarak izleyebilirsin.

1 WWW.KODLAB.TV ADRESİNE GİR

AF822643

2 ÜYE OL!

3 KİTABINI SEÇEREK AKTİVASYON KODUNU GİR

AKTİVASYON KODU

3A66FD0FC757B39A

PYTHON
ÖĞRENİYORUM

GÖKHAN SU

KODLAB®
Yayın Dağıtım Yazılım ve Eğitim
Hizmetleri San. ve Tic. Ltd. Şti.

KODLAB® 222

PYTHON ÖĞRENİYORUM

GÖKHAN SU

ISBN 978-605-2118-20-7
Yayıncılık Sertifika No: 13206

1-2. Baskı: 2018
3. Baskı: 2019
4. Baskı: 2020

Genel Yayın Yönetmeni
Hüseyin Üstünel

Grafik Tasarım
Mustafa Said Şahin

Yayına Hazırlık
Merve Nur Şahin

Editör
Gizem Aksan

Sosyal Medya Sorumlusu
Mahmut İpek

Satış ve Pazarlama
Can Üstünel

Baskı: İnkılâp Kitabevi Yayın San. Tic. A.Ş. Sertifika No: 44066

KODLAB Yayın Dağıtım Yazılım ve Eğitim Hizmetleri San. ve Tic. Ltd. Şti.
Merkezefendi Mah. Mevlana Cad. Tercüman Sit. B2 Blok K:6 D:26 Zeytinburnu / İSTANBUL

tel: 0(212) 514 55 66
0(212) 514 66 61

web: www.kodlab.com
e-posta: bilgi@kodlab.com

GÖKHAN SU

Mersin doğumlu olup aslen Hatay Samandağlı'dır. Lise öğrenimini Mersin Gazi Süper Lisesi Matematik-Fen bölümünde, lisans eğitimini ise Mersin Üniversitesi Bilgisayar Mühendisliği bölümünde birincilikle tamamladıktan sonra Çukurova Üniversitesinde İşletme yüksek lisansını tamamlamıştır. Hâlâ Mersin Üniversitesi İşletme anabilim dalında doktora tez çalışmalarına devam etmektedir. 2004-2010 yılları arasında özel sağlık sektöründe hastane yöneticiliği görevlerinde bulunmuş olup 2010 yılından itibaren Mersin Üniversitesi bünyesinde yer alan Bilgi İşlem departmanlarında aktif olarak yazılım geliştirmektedir. Çocuklara yönelik programlama, elektronik, web tasarım ve Android programlama alanında çalışmaları mevcuttur. Mersin Üniversitesi Radyosunda "Zamane Çocukları" isminde radyo programı sunmaktadır. Yazarımız; internet bağımlılığı ve yanlış bilinenler, yaşlılara teknoloji eğitimi, sanal kaytarma alanlarında da eğitim ve konferanslar vermektedir.

Ayrıca yazarımızın yayınevimizden daha önce yayınlanan "Herkes için Arduino" ve "Scratch ile Programlama" adlı kitapları bulunmaktadır.

TEŞEKKÜR

Bu kitabın yazım sürecinde öncelikle anne ve babama, bana destek olan, sabır gösteren ve kendisiyle geçireceğim zamanlardan çaldığım eşime teşekkür ederim.

Ayrıca içerik oluşturulmasında ve kitabın kontrolünde destek olan çalışma arkadaşım Ertan DİNLER'e, manevi desteklerini eksik etmeyen Olcay CANTÜRK ve İsmail MÜMTAZ'a, hata kontrolü ve eleştirileri için kıymetli öğrencilerim Burak CANTÜRK, Arkad Divan DİNLER, Mehmet Yağız GİZİR, Mahmut Can KURTULUŞ ve Mehmet Eren GÖDELER'e, ayrıca öğrettiklerimden çok daha fazlasını öğrendiğim tüm öğrencilerime teşekkür ederim.

Gökhan SU

ÖN SÖZ

Bu kitap, 3 yıldır çocuklara yönelik olarak verdiğim eğitimler ve bu süreçte edindiğim tecrübelerden oluşmuştur. Üniversitelerde pek çok mühendislik öğrencisinin yazılım üretme sürecinde neden zorlandıklarını irdelerken bu eğitimlerin çocuk yaşta verilmesi gerektiği, dünyadaki önemli pek çok yazılım firmalarının kurucularının da küçük yaşlarda olması nedeniyle bir sosyal sorumluluk olarak başlattığımız çalışmanın meyvesidir...

Peki, neden Python? İşte cevabı:

- Açık kaynaklı. Kullanmakta özgürsünüz, bir şirkete bağlı olmak zorunda değilsiniz. Üstelik ücretsiz.
- Yapısı sade. Okuması ve yazması çok kolay. Çok hızlı öğrenilebiliyor.
- "Dinamik" dil. Yorumlayıcıyla çalışıyor. Çok karmaşık işlemleri basit komutlarla yaptırabilirsiniz.
- Etkileşimli. Yorumlayıcı penceresinde art arda komutlar verip işlemler yapabilirsiniz.
- Aklınıza gelen bir fikri çabucak bir program oluşturarak deneyebilirsiniz.
- Genel kullanım alanı geniş ve yazılım sanayiinde çok seviliyor. Bu sayede sürekli geliştiriliyor. Öğretici kaynak bulmak kolay.
- Bilimsel araştırmalarda çok yaygın olarak kullanılıyor. Çeşitli bilim dallarında kullanılmak üzere özel hazırlanmış kütüphaneleri var. Bu kütüphaneler kendini bu işe adamış profesyonel yazılım ekipleri tarafından hazırlanıyor, yoğun şekilde test ediliyor ve yine açık kaynaklı.

Unutmayın; programlamayı öğrenmek size bir şey kaybettirmez, aksine çok şey kazandırır.

Kitapta yer alan tüm örnekler birçok öğrencim tarafından yapılmış, doğruluğu, öğreticiliği, sıralaması ve açıklamaları defalarca test edilmiştir. Pek çok noktada gereksiz ayrıntıdan kaçınılmış ve teknik detaylara boğulmadan çocukların anlayacağı dil ile yazılmıştır.

Kitabımın, tüm çocuklara, anne-babalara ve öğretmenlere faydalı olmasını temenni ederim.

Gökhan SU

Kitabın yazım sürecinde desteğini esirgemeyen eşim, oğlum ve üzerimde emeği olan herkese ithafen...

İÇİNDEKİLER

NEDEN PROGRAMLAMA ÖĞRENMELİYİZ?

1

Bugün, ortaokulların 5. ve 6. sınıflarında bilişim teknolojileri ve yazılım dersi okutulmakta. *Peki, neden böyle bir ders okutulmaktadır?* Hepimiz hemen hemen her gün bilgisayarları günlük işlerimiz için veya oyun oynamak için kullanıyoruz hiç bilgisayarların nasıl çalıştığını ya da oynadığınız oyunların ve kullandığınız programların nasıl çalıştığını merak etmediniz mi? Her gün internet sitelerini kullanıyoruz. Peki, internet siteleri nasıl oluşuyor ya da siz bir tane yapamaz mısınız? Merak etmediniz mi?

İnsanlar her gün onlarca şeyi merak ediyor ve araştırıyorlar. Bugün teknolojimizin bu kadar ileride olmasının nedeni, merak etmemiz. Kafamızı kaldırıyoruz gökyüzüne bakıyoruz yıldızları görüyoruz acaba dünyadan başka bir gezegende hayat var mı? Bu merakın sonucu olarak şu anda Mars'a uzay aracı gönderildi. Merak etmekten korkmayın, bu bizim yaratılış doğamızda var.

Bilgisayara bir işi yaptırırken, yani programlarken düşünmeyi öğreniriz. Analiz yapabilme ve problem çözebilme yeteneğimiz artar. Bir sorunla karşılaştığımızda daha iyi düşünebiliriz ve o sorun için bulduğumuz çözümlerin sayısı artar. Olaylara daha ayrıntılı bakabiliriz. Bilgisayarda program yazarken algoritmalar geliştiririz. Algoritma problemin adım adım çözülme sürecidir. Bu da bize olayları detaylı düşünebilme ve çözebilme yeteneği kazandırır. Bu kazanımları elde edebilmemiz çok önemlidir. İşte bu nedenden ötürü okullarımızda bilişim teknolojileri ve yazılım dersleri okutulmaktadır.

21. yüzyıl öğrencilerinin edinmesi gereken kazanımlar vardır. Bunlar;

- Problem çözebilme
- Analiz yapabilme
- Eleştirel düşünce
- Girişimcilik vb.

Bu kazanımların içinde bilgisayarları programlamayı öğrenmek de yer almaktadır. Bilgisayar programlarının nasıl yapıldığını öğrenmek size bir şey kaybettirmez, aksine çok şey kazandırır.

Kodlama Yapan Çocuklar

NEDEN PYTHON?

Etrafta bu kadar çok güzel ve eski bir dil varken neden gidip Python'u seçmeliyim, diyebilirsiniz. Python'un diğer dillerden çok bir fazlası yoktur. Ancak fazlası olan konularda ise ayrıcalığını koymuştur. Bunların en başında temiz ve kolay **syntax** yapısı gelir. Bana göre Python'dan daha kolay öğrenebilen bir dil şu anlık yok. Bunun yanında eskiden yazılmış olan kodları okumakta diğer dillere göre oldukça kolaydır. Benim Python'u seçmemdeki en güzel etken bu olmuştu. Ancak sadece kolay bir dil olması ve temiz bir syntax'a sahip olması bir dili diğer dillerden üstün yapmaz. Python'un çok iyi olduğu farklı konular da vardır ve diğer dillere göre çok farklı alanlarda kullanılırlar. Uzaya gönderilecek robotun testlerini yapmaktan, Mozilla'nın sitesine, network izleme programı yapmaktan, mikroişlemci programlamaya kadar. Bu yüzden ben bu başlık altında sadece kolaylığına dikkat çekmek istedim.

Aşağıdaki bir java ve python kodu var. İki kod da ekrana **HelloWorld** yazıyor. Yorumunu size bırakıyorum. *(İlki java diğeri python.)*

```
public class HelloWorld
{
        public static void main(String[] args)
        {
                System.out.println("Hello, world!");
        }
}
```

Şimdi de **PYTHON** kodunu görelim.

```
print "Hello, world!
```

İTÜ fizik bölümünden Berkin Malkoç, "Temel Bilimler ve Mühendislik Eğitiminde Programlama Dili Olarak Python" başlıklı makalesinde etraflı bir inceleme sunuyor. Kısa başlıklarla özetlersek:

- Açık kaynaklı. Kullanmakta özgürsünüz, bir şirkete bağlı olmak zorunda değilsiniz. Üstelik ücretsiz.
- Yapısı sade. Okuması ve yazması çok kolay. Çok hızlı öğrenilebiliyor.
- "Dinamik" dil. Yorumlayıcıyla çalışıyor. Çok karmaşık işlemleri basit komutlarla yaptırabilirsiniz.
- Etkileşimli. Yorumlayıcı penceresinde art arda komutlar verip işlemler yapabilirsiniz.
- Aklınıza gelen bir fikri çabucak bir program oluşturarak deneyebilirsiniz.
- Genel kullanım alanı geniş ve yazılım sanayiinde çok seviliyor. Bu sayede sürekli geliştiriliyor. Öğretici kaynak bulmak kolay.
- Bilimsel araştırmalarda çok yaygın olarak kullanılıyor. Çeşitli bilim dallarında kullanılmak üzere özel hazırlanmış kütüphaneleri var. Bu kütüphaneler kendini bu işe adamış profesyonel yazılım ekipleri tarafından hazırlanıyor, yoğun şekilde test ediliyor ve yine açık kaynaklı.

Python Neden Bütün Hacker'ların Favori Programlama Dili?

Python, hackerl'arın en çok tercih ettiği dil. Peki, bu dili böylesine çekici kılan şey nedir? Basitliği, gücü, nesne yönelimli olmasının yanı sıra birçok özelliği daha var.

Birçok kişi, sırf hacking için Python programlama öğreniyor. Başka bir programlama dilini bilip de Python'a geçenler, bunu çok daha rahat gerçekleştiriyorlar. Google'da yaptığınız araştırmalarda da görebileceğiniz gibi hack dünyası, Python'un etrafında dönüyor. Diğer dillerle kıyaslandığında gayet kısa ve açık seçik olan bu dil, güçlü özellikler sunmasına rağmen sanki daha kolay öğrenilebilirmiş gibi. Bu nedenle UCLA, Stanford, MIT gibi büyük ABD üniversiteleri artık programlamaya giriş dersinde Python öğretiyorlar. Eğer siz de güvenlik ve hack dünyasına meraklıysanız, programlamaya Python'dan başlayın.

Hangi Editörü Kullanmalıyım?

Python kullananlar ile yapılan görüşmelerde en çok kullandıkları editörün ne olduğu sorulduğunda aşağıdaki gibi cevaplar vermişlerdir.

1. SublimeText
2. Vim
3. Emacs
4. Notepad++
5. TextWrangler
6. IDLE
7. Atom
8. Aquamacs
9. GNU Nano
10. Kate
11. gedit

SublimeText, açık ara önde görünüyor.

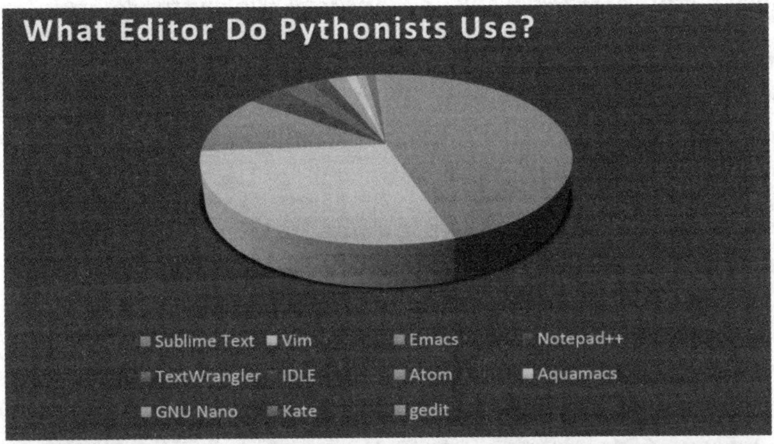

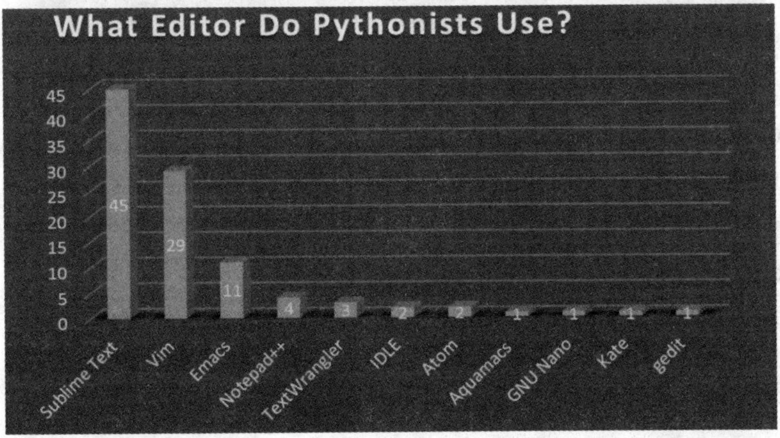

Bu Kitabı Nasıl Kullanmayalıyım?

Tıpkı yeni öğrenmeye başladığımız diğer her şey gibi programlama da temel konulardan başlanarak öğrenilmelidir. Daha sonra kitapta yer alan konular bölüm bölüm ilerlenmeli ve mümkün olduğunca bölüm atlanmamalıdır.

Ne kadar yetenekli olursa olsun hiç kimse herhangi bir müzik aletini eline aldığı gün bir orkestrada çalabilecek düzeye gelemez. Aynı şekilde herhangi bir jimnastik sporcusu da ilk gün hemen olimpiyatlara katılacak düzeye gelemez. Bu nedenlerle mümkün olduğunca **çok kod yazmalı** ve bolca hata ile karşılaşmak gerekir ki daha fazla gelişelim.

Bölümlerde yer alan her bir örneği tek tek deneyiniz ve çalıştıklarını görünüz. Her bölümün sonunda alıştırma soruları vardır, lütfen çözmek için uğraşınız, çünkü bu sorular sizin becerilerinizi arttırmak için oluşturulmuştur.

Program yazarken herhangi bir sorun ile karşılaşırsanız bu durumda öncelikle sorunu küçük parçalara ayırmayı deneyiniz. Her bir adımın doğru olduğundan emin olmaya çalışınız çünkü program dediğimiz yapı kodlar bütünüdür ve küçük parçalardan oluşmaktadır.

Eğer hâlâ çözüm bulamadıysanız, bir süre ara vermenizi ve daha sonra devam etmenizi öneririm.

Bu Kitapta Neler Var?

Bölüm-1: Giriş

Neden Programlama Öğrenmelisiniz?

Neden Python Öğrenmelisiniz?

Python Dilinin Avantajları Nelerdir?

Bölüm-2: Kurulum

Tüm kurulum işlemini adım adım görebileceksiniz. Bu sayede Python kullanıma hazır hâle gelecektir.

Bölüm-3: Shell (Kabuk) Kullanımı

Python, interaktif bir kabuk yani Shell ile gelmektedir. Yaptığınız her şey için anında karşılık bulabilirsiniz, bu sayede program yazmadan hızlıca sonuçları görebilirsiniz.

Bölüm-4: Kullanıcıdan Veri Alma

Programlar kullanıcıdan veri alırlar, onu işlerler ve sonra da kullanıcıya **dönüt** *(geri bildirim)* verirler. Bu bölümde; kullanıcıdan veri nasıl alınır, kaç tür veri alabiliriz ve bunları birbirine nasıl dönüştürürüz? Bu konular üzerinde durulmuştur.

Bölüm-5: Koşullu İfadeler

Kullanıcıdan alınan veri çoğunlukla bazı koşullara göre işleme konulur. En basiti kullanıcı adı ve parola isteyen bir web sayfasında öncelikle kullanıcı doğru girerse kendi sayfasına yönlendirilir, ancak girmezse hata sayfasına ya da tekrar giriş sayfasına yönlendirilir. **Koşul cümleleri** çok önemlidir. Bolca örnek ile bu konuyu derinlemesine öğreneceksiniz.

Bölüm-6: Döngüler

Programlamanın **temeli** denebilir. Aynı kodları tekrar tekrar yazmaktan bizi kurtaran kahraman yapılardır. Hem Python dilindeki döngüleri öğreneceğiniz hem de neşeli çizimler üretebileceğiniz harika bir bölüm hazırladık sizlere.

Bölüm-7: Karakter Dizileri

Metin işleme, metinler üzerinde değişiklik yapma ve hatta şifreleme konusunda epeyce bilgi sahibi olacağınız bu bölümde, kelimelerin nasıl parçalara ayrılacağı ve nasıl keyifli işlemler yapılacağını öğreneceksiniz.

Bölüm-8: Listeler

Karakter dizileri, sayılar yetersiz gelmeye başladığında tüm bunları bünyesinde muhafaza eden kurtarıcı yapılar ile tanışacağız. Bunlardan ilki listeler. Alışveriş listenizi yaparken kullandığınız kadar basit ve işlevsel uygulamalar öğreneceksiniz.

Bölüm-9: Demet ve Sözlükler

Kendi telefon rehberinizi, kendi İngilizce Türkçe sözlüğünüzü yapmak istemez misiniz? Başka dillerde veri tabanı kullanılarak oluşturulan bu yapıları, çok kolay bir şekilde yapabileceksiniz. Hatta gelin hep beraber kendi dilimizi oluşturalım.

Bölüm-10: Fonksiyonlar

Matematik derslerinin baş belası konularından birisidir. Bu kadar kolay bir konu, ancak bu kadar eğlenceli anlatılabilir. Çok güzel oyunlar sizi bekliyor. Fonksiyonlar artık arkadaşınız olacak, korkulu rüyanız değil.

Bölüm-11: Modüller

Python ile beraber gelen, çok işlevsel ve çok kolay modüller var. Bunlardan birisi **TURTLE**. Bu kitabın başından sonuna kadar arkadaşlık edecek olan bu modül, bize diğer modüllerin kullanımını da öğretecek.

Bölüm-12: Dosyalar

Veriler saklanmadan program olmaz. Tek kerelik program mı olur? Hadi kaydedelim yaptıklarımızı da unutmayalım. *Peki, kaydettiklerimizi nasıl okuyacağız?* Tüm bunları öğrenmek için sonuna kadar ilerleyiniz.

Bu Kitaptan Sonraki Yol Haritanız

Python öğrendik ama hep konsol uygulaması mı yapacağız?

Tabii ki hayır. Python GTK, Tkinter ve Qt ile sizlerin GUI uygulaması yapabilmenize olanak sağlıyor. Hatta sürekli olarak da yeni GUI ortamları geliştiriliyor. Benim size tavsiyem kesinlikle **Qt** olacaktır. Qt ile tasarımı çizip PyQt kullanarak bunları koda dökmeniz gayet basittir. Ayrıca da bir hayli gelişmiştir. Ben kesinlikle **PyQt**'yi öneriyorum.

GUI uygulaması da yaptık. Peki, web sitesi nasıl yapacağız?

Python web programlama konusunda da bir hayli gelişmiş durumda. İçinde bir hayli fazla framework bulunduruyor. Bunlardan ilk aklıma gelenleri WebPy, Django, CherryPy, Pylons, Bottle, Turbogears ve Flask. Diyeceksiniz ki bu kadar çok framework var hangisini seçelim. Bana sorarsanız Django ile başlarsanız diğerlerine geçmeye fırsat bulamazsınız. Hem Türkçe kaynak olarak da diğerlerinden kat kat üstün durumda.

Python ile geliştirilmiş olan web server Tornado'ya da kesinlikle bakın derim. İlerde ufak çaplı işlerinizde kullanabilirsiniz. *(Arduino ve web bağlantısında kullanılabilir.)*

Mobil uygulama yapabilir miyiz?

Eğer telefonunuz Symbian ise Python ile yapılmış birçok uygulamayı daha önce kullanmışsınızdır. Bu yüzden siz de yapabilirsiniz. Ancak cep telefonunuz **android** veya **iPhone** ise şimdilik biraz sıkıntıları var. **SL4aA** kullanarak android mobil uygulama geliştirebiliyorsunuz, ancak ben henüz geliştirmediğim için kesin bir şey diyemeyeceğim. Ama şunu diyebilirim; Python cross-platform olduğu için aklınıza gelecek her işletim sisteminde çalışır ve ona uygun kod yazabilirsiniz.

Kendinize bir proje yapın.

Yukarıdakileri yaptığınıza göre, artık ciddi bir bilgi birikiminiz olmalı ve bu bilgilerinizi bir projede kullanmalısınız.

Bu sayede bilgileriniz de pekişir.

2

PYTHON KURULUMU

Python programlama dilini kullanmak için öncelikle Pyhton'u bilgisayarımıza indirmemiz ve kurmamız gerekmektedir. Bu nedenle indirmek için isterseniz (*https://www.python.org/downloads/*) adresine gidiniz ya da herhangi bir arama motorunda **PYTHON** yazınız. Karşınıza aşağıdaki gibi bir ekran gelecektir.

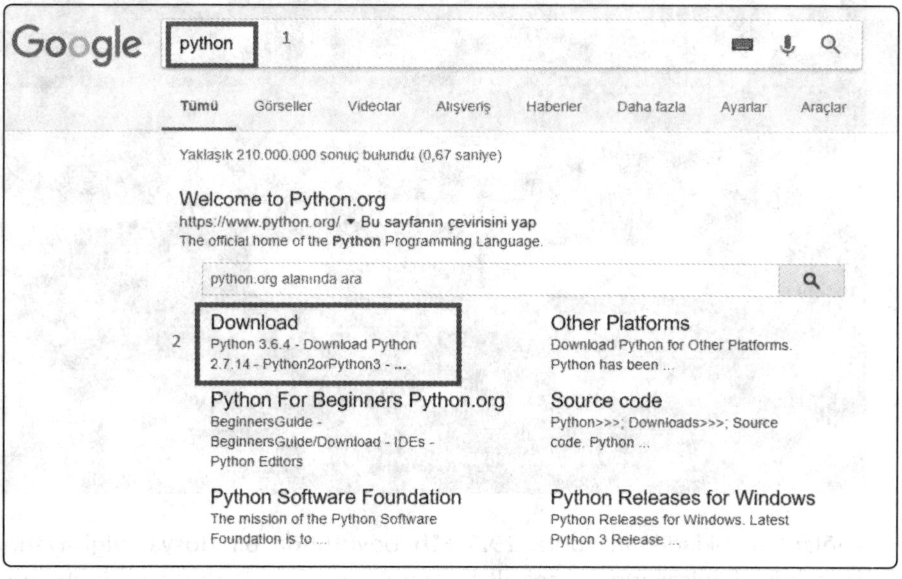

Download kısmına tıklayarak indirme yapacağımız sayfaya geçiniz.

Karşınıza aşağıdaki gibi bir sayfa çıkacaktır ve gördüğünüz üzere 2 adet versiyon bilgisi gelecektir.

Python 2.X yani 2 ile başlayan versiyonlar eski versiyonlardır, ancak hâlihazırda bunu kullanan kişiler olduğu için yine de web sitesinden indirme linki kaldırılmamıştır.

Ancak bizler **Python 3.X** yani 3 serisini kullanacağız. Bu kitap hazırlanırken en üst versiyon Python 3.6.5 olduğu için biz, tüm çalışmalarımızı bu Python sürümü ile geliştireceğiz.

NOT Lütfen PYTHON 3.6.5 bağlantısına tıklayınız ve böylece Python Programlama Dili kurulum dosyasını bilgisayarınıza indiriniz.

Bağlantıya tıkladıktan sonra **29.3 Mb** boyutunda bir dosya bilgisayarınıza inecektir. Bilgisayarınızın sol alt kısmında indirdiğiniz dosyayı görebilirsiniz. Eğer bu dosyayı indiremiyorsanız lütfen antivirüs ayarlarınızı kontrol ediniz.

Dosyayı indirdikten sonra üzerine gelip çift tıklayınız ve böylece kurulum süreci başlayacaktır.

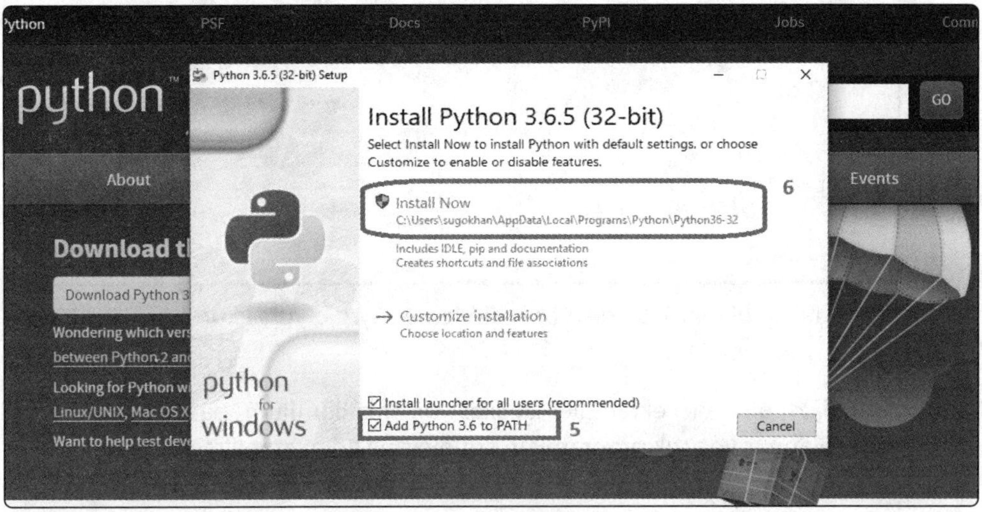

Add Python 3.6 to PATH kutucuğunu mutlaka işaretleyiniz. Python programının yolunu ortam değişkenlerine ekleyecektir. Ardından **INSTALL NOW** kısmına tıklayınız.

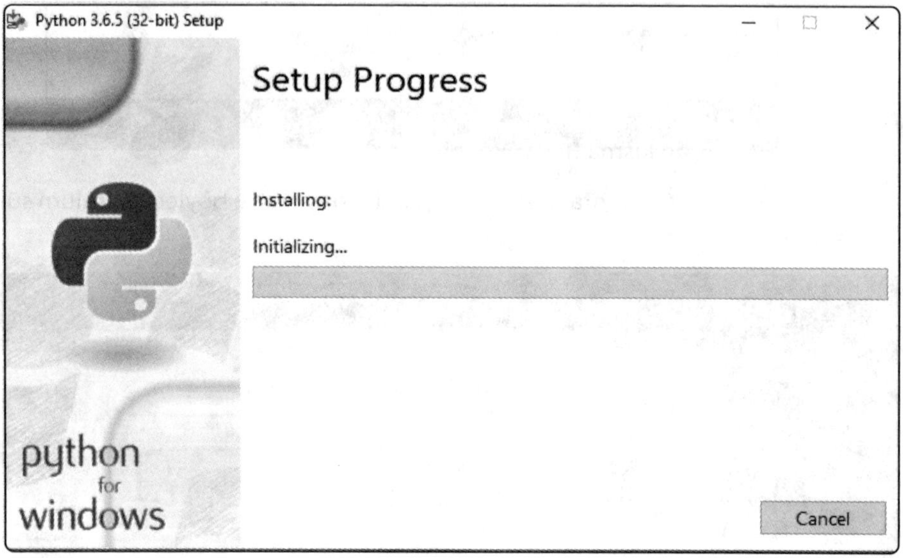

Yukarıdaki gibi bir ekran geliyor ve ilerleme kaydediyorsa kurulumunuz **başarı** ile sürüyor demektir.

Aşağıdaki gibi bir ekran ile karşılaşıyorsanız kurulum başarılı bir şekilde tamamlanmış ve artık programlama dünyasına adım atabilirsiniz demektir.

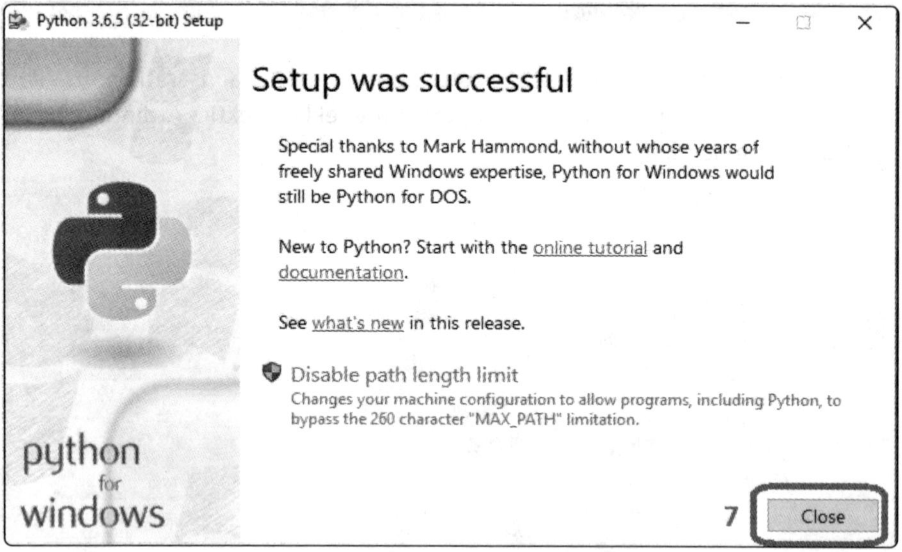

Kurulum Adımları

1. Herhangi bir arama motorunu *(Google, yandex, vb.)* açınız ve **PYTHON** yazarak arama butonuna basınız.
2. **Downloads** yazan kısma tıklayınız.
3. Hangi versiyonu indireceğinize karar veriniz. **Python 3.X** versiyonunu tercih etmeniz önerilir. Bu kitap yazılırken son versiyon olan **3.6.5** versiyonu indirilmiş ve kullanılmış olup daha yeni versiyon varsa mümkünse onu indiriniz.
4. Bilgisayarınıza inen yaklaşık 30 MB boyutundaki **PYTHON 3.6.5.exe** dosyasına çift tıklayınız.
5. Önünüze gelen kurulum ekranında öncelikle A**DD PYTHON 3.6 TO PATH** kısmındaki kutucuğu işaretleyiniz.
6. **INSTALL NOW** kısmına tıklayınız ve bitmesini bekleyiniz.
7. **SETUP WAS SUCCESSFUL** yazan ekranı gördüğünüzde **CLOSE** düğmesine basınız ve programlama dünyasına giriniz.

3

ETKİLEŞİMLİ KABUK (INTERACTIVE SHELL) KULLANIMI

Etkileşimli kabuk ya da İngilizce adıyla Interactive Shell, Python kodlarını çalıştırıp deneme fırsatı bulduğumuz bir arayüzdür. Bir Python kodunun nasıl çalıştığını görmek, hataları tespit etmek ve kodlar çalıştıktan sonra ekranda ne görüneceğini görebileceğimiz bir test alanıdır.

Etkileşimli kabuğu çalıştırmak için bilgisayarımızda **Python IDLE**'ı arıyoruz ya da sadece **IDLE** yazarak da kabuğa erişebiliriz.

Gördüğünüz gibi arama kısmına **IDLE** yazarak **IDLE (PYTHON 3.6 32 BIT)** uygulamasını çalıştırınız ve böylece kabuk kısmına giriş yapınız.

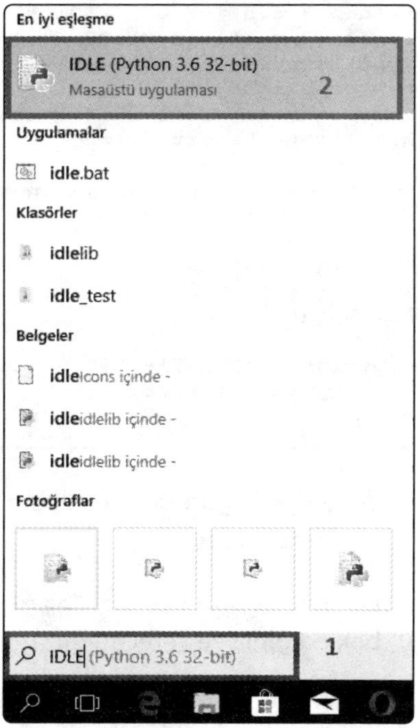

Etkileşimli Kabuk Ekranı

Aşağıda görmüş olduğunuz ekran **kabuk** *(Shell)* ekranıdır. Öncelikle bu ekrandaki bilgilerden bahsedelim. Kurmuş olduğumuz versiyon 3.6.5 olduğu için **Python 3.6.5** yazmaktadır. Mar 28 2018 ise bu Python sürümünün yayım tarihidir.

"`Copyright`", "`credits`" ya da "`license()`" yazarak daha fazla bilgi sahibi olabilirsiniz.

```
Python 3.6.5 Shell
File  Edit  Shell  Debug  Options  Window  Help
Python 3.6.5 (v3.6.5:f59c0932b4, Mar 28 2018, 16:07:46) [MSC v.1900 3
2 bit (Intel)] on win32
Type "copyright", "credits" or "license()" for more information.
>>>
```

Shell kullanırken komutu yazıp **enter** tuşuna basmamız yeterlidir. Örneğin; **copyright** yazarak **enter** tuşuna basalım.

```
Python 3.6.5 Shell
File  Edit  Shell  Debug  Options  Window  Help
Python 3.6.5 (v3.6.5:f59c0932b4, Mar 28 2018, 16:07:46) [MSC v.1900 3
2 bit (Intel)] on win32
Type "copyright", "credits" or "license()" for more information.
>>> copyright
Copyright (c) 2001-2018 Python Software Foundation.
All Rights Reserved.

Copyright (c) 2000 BeOpen.com.
All Rights Reserved.

Copyright (c) 1995-2001 Corporation for National Research Initiatives
.
All Rights Reserved.

Copyright (c) 1991-1995 Stichting Mathematisch Centrum, Amsterdam.
All Rights Reserved.
>>> |
```

Yukarıda da gördüğünüz üzere `copyright` komutunun çıktısı yine aynı ekranda görünmektedir.

Ekranda gördüğümüz "**>>>**" simgesinin önündeki imleç bizden komut beklediğiniz ve vereceğimiz görevlere hazır olduğunu ifade etmektedir.

Hadi o zaman ilk programımızı yazalım…

```
>>> print("Merhaba Dünya")
Merhaba Dünya
```

`Print` komutu ekrana yazdırma komutudur. Bu komuta ne verirsek onu ekranda gösterir.

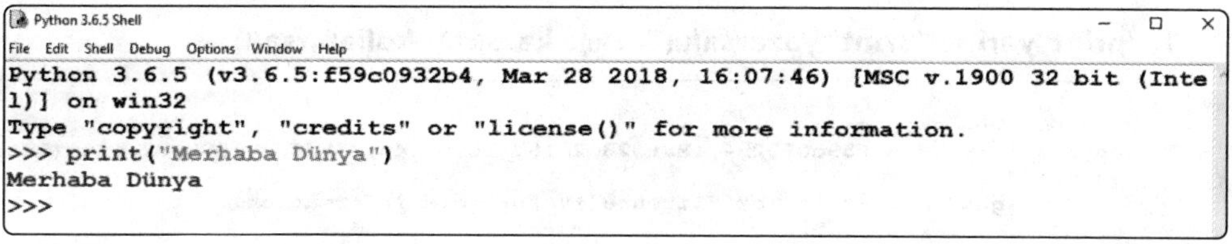

Yukarıdaki örneğe dikkatlice bakarsak;

- `print` komutu **mor** renk ile ifade edilmiş, bunun anlamı Python dili bu komutu biliyor. Aşağıda hatalı kullanımları gördüğünüzde, bunu daha net anlayacaksınız.
- Açılan parantez kapsamı ifade eder yani parantezler içindeki ifade ekrana yazdırılacak demektir ve mutlaka ama mutlaka açılan her parantez kapatılmalıdır. Bununla ilgili hatalı kullanımı aşağıda göreceksiniz.
- **Çift Tırnak** (" ") bir metin içerdiğini ifade eder. Açılan her tırnak mutlaka kapatılmalıdır. Eğer kapatmazsak ne tür bir hata ile karşılaşacağımızı aşağıda görebilirsiniz.

Sık Karşılaşılan Hatalar

`print("Merhaba Dünya")` komutu en basit komutumuz olmasına rağmen yine de pek çok hata yapılabilmektedir. Özellikle ilk zamanlarda çok sayıda hata yapacaksınız, lütfen bu hatalarınızın nasıl çözüleceğini araştırın, ancak vazgeçmeyiniz. Çünkü hata yapmaya başladığımız anda, öğrenmeye de başlamış oluruz.

1. "print"yerine "prınt" yazarsak (Türkçe karakter kullanırsak);

```
Python 3.6.5 Shell
File Edit Shell Debug Options Window Help
Python 3.6.5 (v3.6.5:f59c0932b4, Mar 28 2018, 16:07:46) [MSC v.1900 32 bit (Inte
l)] on win32
Type "copyright", "credits" or "license()" for more information.
>>> prınt("Merhaba Dünya")
Traceback (most recent call last):
  File "<pyshell#0>", line 1, in <module>
    prınt("Merhaba Dünya")
NameError: name 'prınt' is not defined
>>>
```

Eğer "`print`" yerine "`prınt`" ya da hatalı başka bir komut yazarsak karşımıza yukarıdaki gibi bir uyarı gelecektir. Bu uyarı şunu demektedir. *Ben "prınt" diye bir komut tanımıyorum*. Zaten dikkat ederseniz "`prınt`" komutunun rengi mor renge dönüşmedi, **siyah** olarak kalmış görünüyor. Buradan da hatalı bir kullanım olduğunu anlayabiliriz.

2. Sondaki parantezi kapatmazsak;

```
*Python 3.6.5 Shell*
File Edit Shell Debug Options Window Help
Python 3.6.5 (v3.6.5:f59c0932b4, Mar 28 2018, 16:07:46) [MSC v.1900 32 bit (Inte
l)] on win32
Type "copyright", "credits" or "license()" for more information.
>>> print("Merhaba Dünya"
```

Eğer sonda yer alan parantezi kapatmazsak, Python hata vermez ancak imleç bir aşağı satıra iner ve sizden **")"** bekler. Çünkü açılan her parantez kapatılmalıdır ve kapatılmadığı sürece **print** komutu işini tamamlayamaz.

3. Hiç parantez koymazsak;

```
Python 3.6.5 Shell
File Edit Shell Debug Options Window Help
Python 3.6.5 (v3.6.5:f59c0932b4, Mar 28 2018, 16:07:46) [MSC v.1900 32 bit (Inte
l)] on win32
Type "copyright", "credits" or "license()" for more information.
>>> print "Merhaba Dünya"
SyntaxError: Missing parentheses in call to 'print'. Did you mean print("Merhaba
 Dünya")?
>>>
```

Eğer hiç parantez koymazsak Python bize **SYNTAX HATASI** yani dizilim hatası yaptığımızı söyler. `Print` komutunun doğru kullanımı için de öneride bulunur.

4. Çift tırnağı kapatmazsak;

```
Python 3.6.5 Shell
File Edit Shell Debug Options Window Help
Python 3.6.5 (v3.6.5:f59c0932b4, Mar 28 2018, 16:07:46) [MSC v.1900 32 bit (Inte
l)] on win32
Type "copyright", "credits" or "license()" for more information.
>>> print("Merhaba Dünya)

SyntaxError: EOL while scanning string literal
>>>
```

Eğer açtığımız çift tırnaklardan birini kapatmazsak, `print` komutu bu komutun sonu gelmedi, yani açılan tırnaklardan biri kapanmadı diye bize uyarı verir. Aslına bakarsanız sadece tırnak kapatılmadığında değil, parantez kapatılmadığında da bu hatayı alırız. Çünkü python açılan her bir parantez, **tek tırnak** ya da **çift tırnağın** mutlaka ama mutlaka kapatılmasını beklemektedir. Eğer kapatmazsanız mutlaka hata verecektir.

5. Hiç tırnak kullanmazsak;

```
Python 3.6.5 Shell
File Edit Shell Debug Options Window Help
Python 3.6.5 (v3.6.5:f59c0932b4, Mar 28 2018, 16:07:46) [MSC v.1900 32 bit (Inte
l)] on win32
Type "copyright", "credits" or "license()" for more information.
>>> print(Merhaba Dünya)
SyntaxError: invalid syntax
>>>
```

`print` komutu içindeki veriyi ekrana olduğu gibi yansıtmak için çift tırnak kullanmak gerekir. Biz burada çift tırnak kullanmadığımız için Python bizi uyarır ve *geçersiz bir dizilim yaptınız* der.

Gördüğünüz gibi tek bir satırdan oluşan en basit bir komutta dahi pek çok hata yapılabilmektedir. Ancak lütfen bu sizi yıldırmasın, *hata yapmak öğrenmenin göstergesidir.*

ETKİLEŞİMLİ KABUK İLE MATEMATİK

Etkileşimli kabuk aynı zamanda matematik aracı olarak da kullanılabilir. Yapmak istediğiniz işlemi yazıp **enter** tuşuna basarsanız matematiksel işleminizin sonuçlarını görebilirsiniz.

```
Python 3.6.5 Shell
File Edit Shell Debug Options Window Help
Python 3.6.5 (v3.6.5:f59c0932b4, Mar 28 2018, 16:07:46) [MSC v.1900 32 bit (Inte
l)] on win32
Type "copyright", "credits" or "license()" for more information.
>>> 3+5
8
>>> 5*8
40
>>> 8/4
2.0
>>> 19-3
16
>>> (125/5)+(5*5)
50.0
>>> 5*4*3*2*1
120
>>> |
```

Gördüğünüz gibi tüm matematiksel işlemler **Shell** üzerinden yapılabilmektedir. Dört işlemin yanı sıra daha pek çok işlem burada yapılabilir. Hadi inceleyelim.

Aşağıdaki işlem bildiğiniz üzere çarpma işlemidir. Matematikte "**x**" işareti ile yaptığınız çarpma işlemi bilgisayar biliminde "*" ile kullanılır.

```
>>>5*2
10
```

Peki, üs almak için ne yapabilirsiniz? Örneğin, 5'in karesini almaya çalışalım.

1. Yöntem

```
>>> 5*5
25
```

2. Yöntem

```
>>>5**2
25
```

** **operatörü** üs almak için kullanılır. Burada 5'in 2. kuvvetini almak için kullandık. Elbette bunun yerine 5*5'de kullanılabilir, ancak 5'in 10. kuvvetini alırken sanırım 2. yöntemi kullanmak daha mantıklı olacaktır.

```
Python 3.6.5 Shell
File Edit Shell Debug Options Window Help
Python 3.6.5 (v3.6.5:f59c0932b4, Mar 28 2018, 16:07:46) [MSC v.1900 32 bit (Inte
l)] on win32
Type "copyright", "credits" or "license()" for more information.
>>> 5**1
5
>>> 5**2
25
>>> 5**3
125
>>> 5**4
625
>>> 5**5
3125
>>> 5**6
15625
>>> 5**7
78125
>>>
```

Gördüğünüz gibi 5'in kuvvetlerini yazarken oldukça kolay bir şekilde ifade ettik. Peki, karekök kullanırken acaba "**" operatörünü kullanabilir miyiz?

```
Python 3.6.5 Shell
File Edit Shell Debug Options Window Help
Python 3.6.5 (v3.6.5:f59c0932b4, Mar 28 2018, 16:07:46) [MSC v.1900 32 bit (Inte
l)] on win32
Type "copyright", "credits" or "license()" for more information.
>>> 2**2
4
>>> 4**0.5
2.0
>>> 3**2
9
>>> 9**0.5
3.0
>>> 4**2
16
>>> 16**0.5
4.0
>>> 5**2
25
>>> 25**0.5
5.0
>>>
```

Gördüğünüz gibi "**" operatörü ile hem **üs** hem de **kök** alabiliyoruz. Hadi eğlence başlasın.

Turtle ile Tanışalım

Turtle, grafik çizimlerinde ve çeşitli şekil çizimlerinde kullanılan bir modüldür. Kullanımı oldukça kolay ve keyifli olan bu modül, Python ile beraber gelmektedir ve ek modül yüklemenize gerek yoktur.

Python'da modüller "**import**" komutu ile yazacağınız programa dâhil edilirler. Turtle da bir modül olduğu için yine import kullanarak kabuğa dâhil edilecektir.

```
Python 3.6.5 Shell
File  Edit  Shell  Debug  Options  Window  Help
Python 3.6.5 (v3.6.5:f59c0932b4, Mar 28 2018, 16:07:46) [MSC v.19
00 32 bit (Intel)] on win32
Type "copyright", "credits" or "license()" for more information.
>>> import turtle
>>> turtle.shape("turtle")
>>> |
```

Yukarıdaki komutları yazmamız ile beraber ikinci bir ekran açılacaktır. **Python Turtle Graphics** adındaki bu ekran, Shell'de yazdığınız her komutun etkisini anında görebileceksiniz.

Bu çalışmada, öncelikle turtle modülünü import kullanarak sisteme dâhil ettim. Ardından da şekil olarak turtle, yani kaplumbağa olmasını istedim.

Ve işte sonuç;

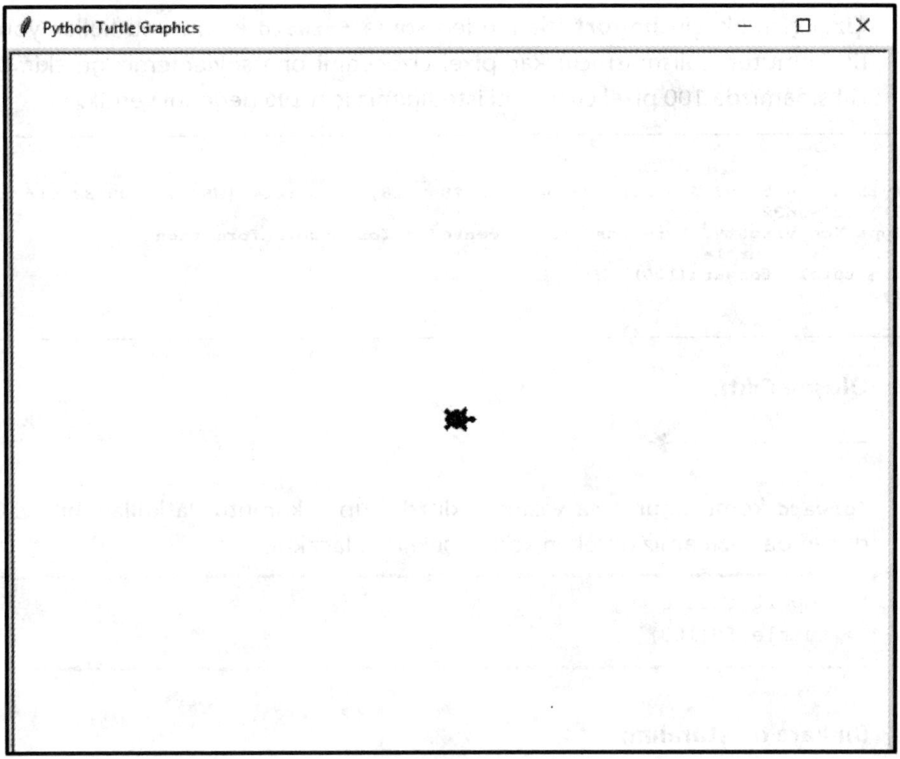

Sahnenin tam ortasında duran bir kaplumbağa.

Kullanabileceğiniz tüm şekiller aşağıda listelenmiştir.

ŞEKİL ADI	İNGİLİZCESİ	KOMUT	ŞEKİL
kaplumbağa	turtle	`turtle.shape("turtle")`	
ok	arrow	`turtle.shape("arrow")`	
daire	circle	`turtle.shape("circle")`	
kare	square	`turtle.shape("square")`	
üçgen	triangle	`turtle.shape("triangle")`	

Bir çizgi çizelim;

Çizgi çizmek için **import** işleminden sonra `forward` komutunu kullanıyoruz. Bu komutun çalışması için kaç pixel çizeceğini ona söylememiz gerekir. Biz, çalışmamızda 100 pixel çizmesini istediğimiz için `100` değerini verdik.

```
Python 3.6.5 Shell
File Edit Shell Debug Options Window Help
Python 3.6.5 (v3.6.5:f59c0932b4, Mar 28 2018, 16:07:46) [MSC v.1900 32 bit (Inte
l)] on win32
Type "copyright", "credits" or "license()" for more information.
>>> import turtle
>>> turtle.forward(100)
>>>
```

Oluşan Çıktı:

`forward` komutunun kısa yazım şekli **fd** olup o komutu da kullanabiliriz. Bu durumda yazmamız gereken kod şu şekilde olacaktır.

```
>>>import turtle
>>>turtle.fd(100)
```

Bir kare oluşturalım;

Kare, her kenarı birbirine eşit olan ve 90 derece açı ile yerleşmiş çizgilerden oluşan bir yapıdır. Şimdi, hep beraber kare çizelim.

```
Python 3.6.5 Shell
File Edit Shell Debug Options Window Help
Python 3.6.5 (v3.6.5:f59c0932b4, Mar 28 2018, 16:07:46) [MSC v.1900 32 bit (Inte
l)] on win32
Type "copyright", "credits" or "license()" for more information.
>>> import turtle
>>> turtle.fd(100)
>>> turtle.left(90)
>>> turtle.fd(100)
>>> turtle.left(90)
>>> turtle.fd(100)
>>> turtle.left(90)
>>> turtle.fd(100)
>>>
```

Oluşan Çıktı:

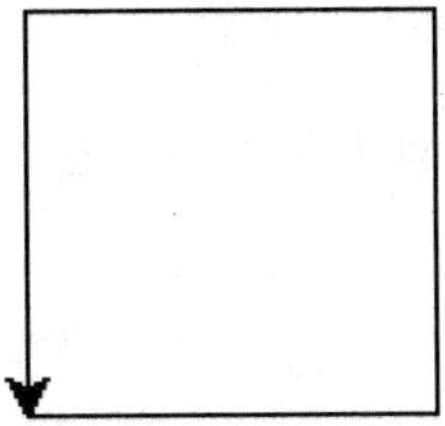

Bir eşkenar üçgen oluşturalım;

Eşkenar üçgen, 3 kenardan oluşan ve birbiri arasındaki açı 60 derece olan geometrik bir şekildir. Şimdi, içi dolu bir **eşkenar üçgen** çizeceğiz. Üçgenimizin dış kenarları beyaz, içi ise sarı **renkli** olacak. Yeni komutlar öğreneceğimiz bu çalışmada bir de arka plana renk vereceğiz. Arka plan rengimiz ise **mavi** olacak.

```
Python 3.6.5 Shell
File  Edit  Shell  Debug  Options  Window  Help
Python 3.6.5 (v3.6.5:f59c0932b4, Mar 28 2018, 16:0
7:46) [MSC v.1900 32 bit (Intel)] on win32
Type "copyright", "credits" or "license()" for mor
e information.
>>> import turtle
>>> turtle.bgcolor("blue")
>>> turtle.begin_fill()
>>> turtle.color("white","yellow")
>>> turtle.fd(100)
>>> turtle.left(120)
>>> turtle.fd(100)
>>> turtle.left(120)
>>> turtle.fd(100)
>>> turtle.end_fill()
>>>
```

Oluşan Çıktı:

Kodların Açıklaması:

`import turtle`	#python modülü eklendi
`turtle.bgcolor("blue")`	#arka plan rengi mavi olarak belirlendi
`turtle.begin_fill()`	#çizilecek nesnelerin içini doldur
`turtle.color('white','yellow')`	#kalem rengi, beyaz...dolgu rengi sarı olsun
`turtle.fd(100)`	#100 adım git
`turtle.left(120)`	#120 derece dön
`turtle.fd(100)`	#100 adım git
`turtle.left(120)`	#120 derece dön
`turtle.fd(100)`	#100 adım git
`turtle.end_fill()`	#doldurma işine son ver

Burada aklınıza şu soru gelebilir. *Madem üçgenin her bir iç açısı 60 derece, o zaman neden 120 derece dönüş yaptık?*

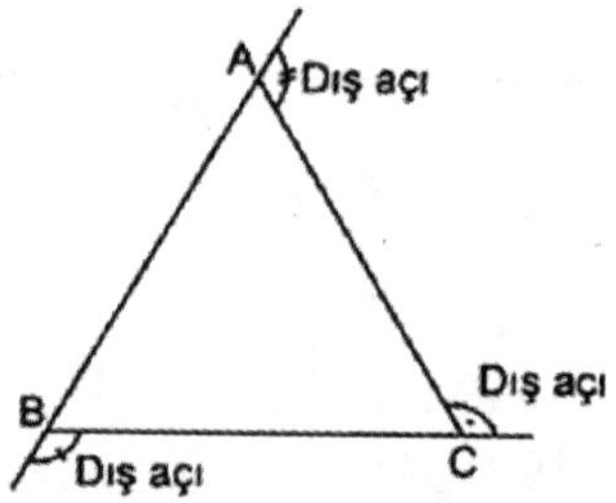

Üçgenin her bir iç açısı 60 derecedir, her bir dış açısı da 120 *(180 – 60)* derecedir. Biz bu nedenle dış açılarını kullanarak bir üçgen oluşturduk.

KULLANICIDAN VERİ ALMA VE DEĞİŞKEN TÜRLERİ

4

Veri Tipleri

Programlama dünyasına giriş yaptık, bazı çizimler yaptık, ekrana bazı yazılar yazdırdık ancak elbetteki programlama demek sadece bunlar demek değil.

Aslında programlar genelde kullanıcıdan veri alan, sonra da bunu işleyen ve yine kullanıcıya belli geri dönüşler yapan yazılımlardır. Peki, kullanıcıdan aldığımız her verinin türü aynı mıdır? Mesela kullanıcıdan aldığımız **DOĞUM YILI** bilgisi muhtemelen 1920 ile 2018 arasında olacaktır. Yani 4 haneli ve sayıdan oluşan bir yapı. Ama eğer kullanıcıya ADINI sorduğumda ise vereceği yanıt muhtemelen 3 hane ile 20 hane arasında ve harflerden oluşan bir yapı olacaktır. ALİ, AHMET, MEHMET, vb. Bir markette herhangi bir ürünün fiyatını sorduğumda ise muhtemelen 5,99 gibi bir cevap alacağız ki bu da daha farklı bir yapıdır.

Yukarıda örneklerini verdiğim veri tipleri Python ve diğer tüm diller de standart olarak kullanılan veri tipleri olup en temelleridir.

```
Python 3.6.5 Shell
File  Edit  Shell  Debug  Options  Window  Help
Python 3.6.5 (v3.6.5:f59c0932b4, Mar 28 2018
1)] on win32
Type "copyright", "credits" or "license()" f
>>> print("Gökhan SU")
Gökhan SU
>>> type("Gökhan SU")
<class 'str'>
>>>
```

Öncelikle kendi adımı ekrana yazdırdım ve sonra da tipine baktım. Bunu yaparken Python dilinin `TYPE` komutunu kullandım. Aldığım cevap **STR**, yani "Gökhan SU", `string` tipinde bir veri imiş.

PEKİ, STRING NE DEMEK?

`String` demek karakter katarı demektir. Yani karakterlerin *(her bir harfin)* uç uca eklendiği bir tren olarak düşünebilirsiniz. Aşağıda gördüğünüz gibi her bir vagon da 1 tane karakter taşıyan bir tren oluşturduk.

`Int` veri tipi, `integer` kelimesinden yani tam sayı kelimesinden geliyor. Bu veri tipi ondalıklı olmayan sayıları tanımlarken kullandığımız bir veri tipi olup en sık kullanılanlardan birisidir.

```
Python 3.6.5 Shell
File  Edit  Shell  Debug  Options  Window  Help
Python 3.6.5 (v3.6.5:f59c0932b4, Mar 28 201
1)] on win32
Type "copyright", "credits" or "license()"
>>> print(1982)
1982
>>> type(1982)
<class 'int'>
>>>
```

Sadece pozitif tam sayılar değil, negatif tam sayılar da `int` veri tipi ile ifade edilir.

```
Python 3.6.5 Shell
File Edit Shell Debug Options Window Help
Python 3.6.5 (v3.6.5:f59c0932b4, Mar 28 20
1)] on win32
Type "copyright", "credits" or "license()"
>>> print(-5)
-5
>>> type(-5)
<class 'int'>
>>> |
```

`int` veri tipinin sınırları **-2147483647** ile **+2147483647** arasındadır. Oldukça geniş bir kapsamı alanı olan bu veri tipinin daha da kapsamlısına **long** denir.

Şöyle hayal edebilirsiniz; `int`, 1 litrelik bir su şişesi ise `long` 5 litrelik bir su şişesidir. Yani aynı şeyleri içinde barındırır ancak aradaki tek fark kapasite farkıdır.

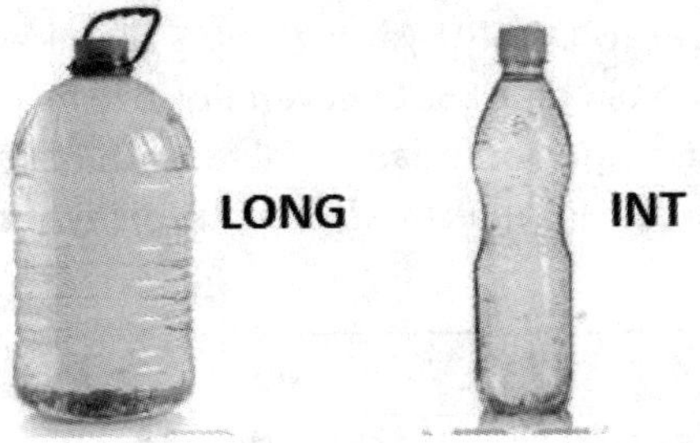

`Float` veri tipi, noktalı sayılar için kullanılır. Alışverişte sıkça karşılaştığımız SADECE 19.90 türündeki veriler `float` veri tipindedir.

```
Python 3.6.5 Shell
File Edit Shell Debug Options Window Help
Python 3.6.5 (v3.6.5:f59c0932b4, Mar 28 201
1)] on win32
Type "copyright", "credits" or "license()"
>>> print(19.90)
19.9
>>> type(19.90)
<class 'float'>
>>> |
```

İnternette gezinirken sıklıkla gördüğümüz web hosting şirketlerinin teklifleri de yine aynı veri tipi için **örnek** oluşturmaktadır.

Ayrıca matematikte çok kullanılan kesir problemlerinin tamamında `float` **veri tipi** örnekleri barındırmaktadır.

`Boolean` **veri tipi**, cevap DOĞRU ya da YANLIŞ olan her şey için kullanılır. En temel veri tiplerinden biri olan `boolean` veri tipi, özellikle `if` *(eğer)* cümlelerinin yapı taşı olup adını George Boole'dan almaktadır. Dijital çağın temellerini atmış olan **George Boole**, tüm insanlık tarafından "**bilgisayar bilimin babası**" olarak kabul edilir.

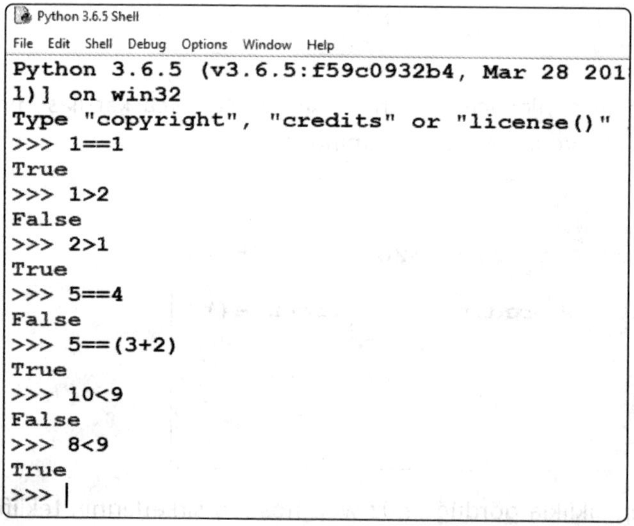

```
Python 3.6.5 Shell
File Edit Shell Debug Options Window Help
Python 3.6.5 (v3.6.5:f59c0932b4, Mar 28 201
1)] on win32
Type "copyright", "credits" or "license()"
>>> 1==1
True
>>> 1>2
False
>>> 2>1
True
>>> 5==4
False
>>> 5==(3+2)
True
>>> 10<9
False
>>> 8<9
True
>>>
```

Yukarıda da göreceğiniz üzere, cevapların tamamı doğru ya da yanlış, yani `True` ya da `False` olarak çıkmıştır.

`Boolean` veri tipi karar yapılarının ve döngülerin temel yapı taşıdır.

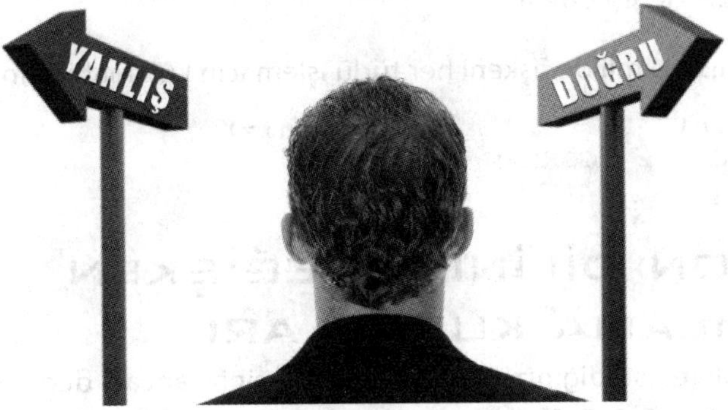

Kullanıcıdan Veri Almak

Kullanıcıdan veri almak için kullanılan Python komutu `input`'tur. Kullanıcıdan aldığımız veriyi geçici olarak saklamamız gerekir. İşte bunun için değişken kullanmak gerekmektedir.

Aşağıdaki örnekte Shell üzerinde kullanıcıdan nasıl verilir alınır ve değişkene nasıl aktarılır görünmektedir.

```
*Python 3.6.5 Shell*
File Edit Shell Debug Options Window Help
Python 3.6.5 (v3.6.5:f59c0932b4, Mar 28 2018, 1
1)] on win32
Type "copyright", "credits" or "license()" for
>>> adiniz=input("Lütfen Adınızı Yazınız")
Lütfen Adınızı Yazınız
```

Kullanıcının önüne "**Lütfen Adınızı Yazınız**" gelecektir.

```
Python 3.6.5 Shell
File Edit Shell Debug Options Window Help
Python 3.6.5 (v3.6.5:f59c0932b4, Mar 28 2018,
1)] on win32
Type "copyright", "credits" or "license()" for
>>> adiniz=input("Lütfen Adınızı Yazınız")
Lütfen Adınızı YazınızGÖKHAN SU
>>> adiniz
'GÖKHAN SU'
>>> |
```

Peki, kullanıcının girdiği bilgi yani adı nerede saklanacaktır. İşte bunun cevabı da "**adiniz**" değişkenidir.

Artık **adiniz** isimli değişkeni her türlü işlem için kullanabilirsiniz. Örneğin;

```
>>> print('Hoşgeldiniz ', adiniz)
Hoşgeldiniz  GÖKHAN SU
```

PYTHON DİLİNDE DEĞİŞKEN TANIMLAMA KURALLARI

1. Değişkenlere istediğiniz isimleri verebilirsiniz ancak değişken isimleri sayı *(0,1, 2, 3, 4, 5, 6, 7, 8, 9)* ile başlayamaz. Eğer sayı ile başlayan bir değişken adı kullanırsanız aşağıdaki gibi geçersiz dizilim hatası alırsınız.

```
Python 3.6.5 Shell
File  Edit  Shell  Debug  Options  Window  Help
Python 3.6.5 (v3.6.5:f59c0932b4, Mar 28 201
1)] on win32
Type "copyright", "credits" or "license()"
>>> 1.ad="AHMET"
SyntaxError: invalid syntax
>>> 1ad="AHMET"
SyntaxError: invalid syntax
>>> 2numaraliev="BİZİM EV"
SyntaxError: invalid syntax
>>> |
```

2. Değişken adının içinde ? ! -) gibi özel karakterler olamaz.

```
Python 3.6.5 Shell
File  Edit  Shell  Debug  Options  Window  Help
Python 3.6.5 (v3.6.5:f59c0932b4, Mar 28 201
1)] on win32
Type "copyright", "credits" or "license()"
>>> numara?=3
SyntaxError: invalid syntax
>>> asagi(=10

SyntaxError: invalid syntax
>>>
```

3. Değişken isimleri anahtar kelimeler olamazlar. Anahtar kelimeler programlama dilindeki özel anlamları olan işleçlerdir. Değişken ismi olarak kullanamayacağınız bazı anahtar kelimeler; **`True`**, **`False`**, **`None`**, **`class`**, **`continue`**, **`def`**, **`finally`**, **`for`**, **`from`**, **`is`**, **`lambda`**, **`nonlocal`**, **`return`**, **`try`**, **`while`**, **`and`**, **`as`**, **`assert`**, **`del`**, **`elif`**, **`else`**, **`global`**, **`if`**, **`import`**, **`not`**, **`or`**, **`pass`**, **`with`**, **`yield`**, **`break`**, **`except`**, **`in`** ve **`raise`**.

```
Python 3.6.5 Shell
File Edit Shell Debug Options Window Help
Python 3.6.5 (v3.6.5:f59c0932b4, Mar 28 201
1)] on win32
Type "copyright", "credits" or "license()"
>>> del=5
SyntaxError: invalid syntax
>>> elif=10
SyntaxError: invalid syntax
>>> if=5
SyntaxError: invalid syntax
>>> import=15
SyntaxError: invalid syntax
>>> |
```

4. Değişken isimleri büyük küçük harfe duyarlıdır. Yani "**`ad`**" ile "**`Ad`**" ve "**`AD`**" değişkenleri farklı farklı değişkenlerdir. Bu nedenle değişken tanımlarken mümkünse hep aynı davranışı sergileyin. Örneğin, hep küçük harf ve Türkçe karakter kullanmadan değişken tanımlayabilirsiniz.

```
Python 3.6.5 Shell
File Edit Shell Debug Options Window Help
Python 3.6.5 (v3.6.5:f59c0932b4, Mar 28 201
1)] on win32
Type "copyright", "credits" or "license()"
>>> ad="Gökhan"
>>> Ad="Eda"
>>> AD="Toprak"
>>> ad
'Gökhan'
>>> Ad
'Eda'
>>> AD
'Toprak'
>>> |
```

5. Değişken tanımlarken Türkçe karakter kullanabilirsiniz ancak bunu tavsiye etmem çünkü Python dilinde Türkçe karakter kullanılabilir ancak başka dillerde Türkçe kullanılmıyorsa siz o dili öğrenirken zorluk yaşayabilirsiniz. Bu nedenle Türkçe karakter kullanmamanızı öneririm.

```
Python 3.6.5 Shell
File  Edit  Shell  Debug  Options  Window  Help
Python 3.6.5 (v3.6.5:f59c0932b4, Mar 28 201
1)] on win32
Type "copyright", "credits" or "license()"
>>> adı="Ahmet"
>>> adı
'Ahmet'
>>> |
```

PRINT KOMUTU İLE BİRDEN FAZLA DEĞİŞKENİ EKRANA GÖSTERMEK

`Print` komutu ile ekranda birden fazla değişkeninin değerini gösterebilir, anlamlı cümleler oluşturabilirsiniz.

`Print` iki değişkeni ya da iki parçayı birleştirmek için **virgül** (",") kullanır.

Örneğin;

```
Python 3.6.5 Shell
File  Edit  Shell  Debug  Options  Window  Help
Python 3.6.5 (v3.6.5:f59c0932b4, Mar 28 201
1)] on win32
Type "copyright", "credits" or "license()"
>>> ad="Gökhan SU"
>>> print("Benim adım ",ad)
Benim adım  Gökhan SU
>>> |
```

- Ad, soyad ve şehir bilgisi girerek anlamlı bir cümle oluşturalım.

```
Python 3.6.5 Shell
File Edit Shell Debug Options Window Help
Python 3.6.5 (v3.6.5:f59c0932b4, Mar 28 2018, 16:07:
1)] on win32
Type "copyright", "credits" or "license()" for more
>>> ad="Gökhan"
>>> soyad="SU"
>>> sehir="Mersin"
>>> print("Ben", ad,soyad,sehir," ilinde yaşıyorum")
Ben Gökhan SU Mersin  ilinde yaşıyorum
>>> |
```

Bana Kendini Anlat

Kullanıcıdan ad, soyad, yaş, okul ve sınıf bilgilerini isteyelim. Daha sonra kullanıcının verdiği bilgileri bir cümle hâlinde ekranda yazalım.

```
Python 3.6.5 Shell
File Edit Shell Debug Options Window Help
Python 3.6.5 (v3.6.5:f59c0932b4, Mar 28 2018, 16:07:46) [MSC v.1900 32 bit (Intel)] o
win32
Type "copyright", "credits" or "license()" for more information.
>>> ad=input("Lütfen Adınızı Yazınız")
Lütfen Adınızı YazınızAYŞE
>>> soyad=input("Lütfen Soyadınızı Yazınız")
Lütfen Soyadınızı YazınızYENİLMEZ
>>> yas=input("Lütfen Yaşınızı Yazınız")
Lütfen Yaşınızı Yazınız12
>>> okul=input("Lütfen okulunuzun adını yazınız")
Lütfen okulunuzun adını yazınızABC Ortaokulu
>>> sinif=input("Lütfen sınıfınızı yazınız")
Lütfen sınıfınızı yazınız6E
>>> print("Ben ",ad,soyad," yaşım",yas,okul," okulunda ",sinif," sınıfında okuyorum")
Ben  AYŞE YENİLMEZ  yaşım 12 ABC Ortaokulu  okulunda  6E  sınıfında okuyorum
>>> |
```

KULLANICIDAN ALDIĞIMIZ VERİNİN TÜRÜNÜ DEĞİŞTİRMEK

Yukarıdaki örneklerde kullanıcıdan hep **STR** *(String – Karakter Katarı)* şeklinde veri aldık. Ancak bazen kullanıcıdan fiyat bilgisi, not bilgisi, yıl bilgisi gibi sayısal veriler de alabiliriz. Bu durumda veri türü dönüşümleri uygulamamız gerekir.

Bunu yaparken 2 yöntem kullanabiliriz.

1. Önce fiyat bilgisini alırız. Daha sonra `int()` fonksiyonunu kullanarak türünü `integer` yani tam sayı yaparız. Dikkat ederseniz ilk önce fiyat değişkeni `STR` iken daha sonra `INT` olarak değişmiştir.

```
Python 3.6.5 Shell
File Edit Shell Debug Options Window Help
Python 3.6.5 (v3.6.5:f59c0932b4, Mar 28 2018, 16:0
1)] on win32
Type "copyright", "credits" or "license()" for mor
>>> fiyat=input("Lütfen elmanın kilosunu yazınız")
Lütfen elmanın kilosunu yazınız2
>>> type(fiyat)
<class 'str'>
>>> fiyat=int(fiyat)
>>> type(fiyat)
<class 'int'>
>>>
```

2. Kullanıcıdan veri aldığımız anda veri tipini **`INT`** olarak değiştirme. **`İnput`** fonksiyonu ile kullanıcıdan fiyat bilgisini aldığımız anda **`integer`** yani tam sayı veri tipine dönüştürdük ve böylece tek adımda istediğimiz veri tipini elde ettik.

```
Python 3.6.5 Shell
File Edit Shell Debug Options Window Help
Python 3.6.5 (v3.6.5:f59c0932b4, Mar 28 2018, 16:07:46)
1)] on win32
Type "copyright", "credits" or "license()" for more inf
>>> fiyat=int(input("Lütfen elmanın fiyatını yazınız"))
Lütfen elmanın fiyatını yazınız2
>>> type(fiyat)
<class 'int'>
>>> |
```

SIK YAPILAN HATALAR

- Unutulmamalıdır ki açılan her parantez kapatılmalıdır. Unutulan parantezler hataya sebep olacaktır.
- Karşı tarafa bilgi vermek amaçlı yazdığınız yazı *(Lütfen elmanın fiyatını yazınız)* **çift tırnak** içinde olmalıdır.
- **`İnt()`** ayrı bir fonksiyon, **`input()`** ayrı bir fonksiyondur ve iç içe kullanımları zaman zaman kafa karıştırıcı gelebilir. Aslında basit bir mantığı vardır. Önce içerideki fonksiyon işini bitirecek, daha sonra dışarıdaki fonksiyon. Yani önce **`input`** veri alacak, ardından **`int`** fonksiyonu o verinin türünü değiştirecektir.

MATEMATİKSEL İFADELER

Python dili, diğer tüm diller gibi matematiksel ifadeler konusunda gayet başarılıdır. Çünkü tahmin edeceğiniz üzere matematik bilimi, bilgisayar bilimini doğurmuştur. Matematiksel ifadeler, normal hayatta kullandığımız matematiksel simgelerle benzerdir.

İşleç	İşleç Karakteri	Örnek
Toplama	+	>>> 4+4 = 8
Çıkarma	-	>>> 3-4 = -1
Çarpma	*	>>> 5*3 = 15
Bölme	/	>>> 8/2 = 4
Tam Sayı Bölme	//	>>> 19//4 = 4
Mod (Bölümünden kalan)	%	>>> 21%5 = 1
Kuvvet Alma	**	>>> 8**2 = 64

Örnek uygulamalar üzerinden matematiksel işlemleri öğrenmeye çalışalım.

Aşağıdaki resimde yer alan öğrencilerin boy ortalamasını bulan programı yazalım.

Python 3.6.5 Shell

File Edit Shell Debug Options Window Help

```
Python 3.6.5 (v3.6.5:f59c0932b4, Mar 28 2018, 16:07:46) [MSC v.1900
1)] on win32
Type "copyright", "credits" or "license()" for more information.
>>> ahmetinboyu=int(input("Ahmetin Boyunu Yazınız"))
Ahmetin Boyunu Yazınız155
>>> ayseninboyu=int(input("Ayşenin Boyunu Yazınız"))
Ayşenin Boyunu Yazınız160
>>> fatmaninboyu=int(input("Fatmanın Boyunu Yazınız"))
Fatmanın Boyunu Yazınız140
>>> hayriyeninboyu=int(input("Hayriyenin Boyunu Yazınız"))
Hayriyenin Boyunu Yazınız145
>>> ortalama=(ahmetinboyu+ayseninboyu+fatmaninboyu+hayriyeninboyu)/4
>>> print(ortalama)
150.0
>>>
```

Nasıl Çözdük?

- `ahmetinboyu` isminde değişken tanımladık ve kullanıcıdan Ahmet'in boyunu öğrenip `integer` yani tam sayıya dönüştürdük.
- `ayseninboyu` isminde değişken tanımladık ve kullanıcıdan Ayşe'nin boyunu öğrenip `integer` yani tam sayıya dönüştürdük.
- `fatmaninboyu` isminde değişken tanımladık ve kullanıcıdan Fatma'nın boyunu öğrenip `integer` yani tam sayıya dönüştürdük.
- `hayriyeninboyu` isminde değişken tanımladık ve kullanıcıdan Hayriye'nin boyunu öğrenip `integer` yani tam sayıya dönüştürdük.
- `Ortalama` isminde bir değişken tanımladık ve bu dört öğrencinin boyunu toplayıp 4 rakamına bölerek ortalamasını öğrendik.
- `print` komutu ile ekrana yazdık.

Aşağıdaki basketbolcunun attığı sayıların ortalamasını bulalım.

Python 3.6.5 Shell

File Edit Shell Debug Options Window Help

```
Python 3.6.5 (v3.6.5:f59c0932b4, Mar 28 2018, 16:
1)] on win32
Type "copyright", "credits" or "license()" for mo
>>> mac1=int(input("1. Maçta kaç basket attın"))
1. Maçta kaç basket attın25
>>> mac2=int(input("2. Maçta kaç basket attın"))
2. Maçta kaç basket attın24
>>> mac3=int(input("3. Maçta kaç basket attın"))
3. Maçta kaç basket attın20
>>> mac4=int(input("4. Maçta kaç basket attın"))
4. Maçta kaç basket attın23
>>> mac5=int(input("5. Maçta kaç basket attın"))
5. Maçta kaç basket attın23
>>> ortalama=(mac1+mac2+mac3+mac4+mac5)/5
>>> print(ortalama)
23.0
>>>
```

Nasıl Çözdük?

- `mac1` isminde değişken tanımladık ve kullanıcıdan 1. maç için attığı basket sayısını girmesini istedik ve `integer` yani tam sayıya dönüştürdük.
- `mac2` isminde değişken tanımladık ve kullanıcıdan 2. maç için attığı basket sayısını girmesini istedik ve `integer` yani tam sayıya dönüştürdük.

- **mac3** isminde değişken tanımladık ve kullanıcıdan 3. maç için attığı basket sayısını girmesini istedik ve `integer` yani tam sayıya dönüştürdük.
- **mac4** isminde değişken tanımladık ve kullanıcıdan 4. maç için attığı basket sayısını girmesini istedik ve `integer` yani tam sayıya dönüştürdük.
- **mac5** isminde değişken tanımladık ve kullanıcıdan 5. maç için attığı basket sayısını girmesini istedik ve `integer` yani tam sayıya dönüştürdük.
- `Ortalama` isminde bir değişken tanımladık ve bu beş maçın basket sayısı toplayıp 5 rakamına bölerek ortalamasını öğrendik.
- `print` komutu ile ortalama bilgisini ekrana yazdık.

ALAN HESAPLAMA

Bir dikdörtgenin alanın hesaplanması için 2 adet bilgiye ihtiyaç vardır. Bunlar; kısa kenar (h) ve uzun kenar (a). Daha sonra a ve h bilgileri birbiri ile çarpılarak alan hesaplanmış olur.

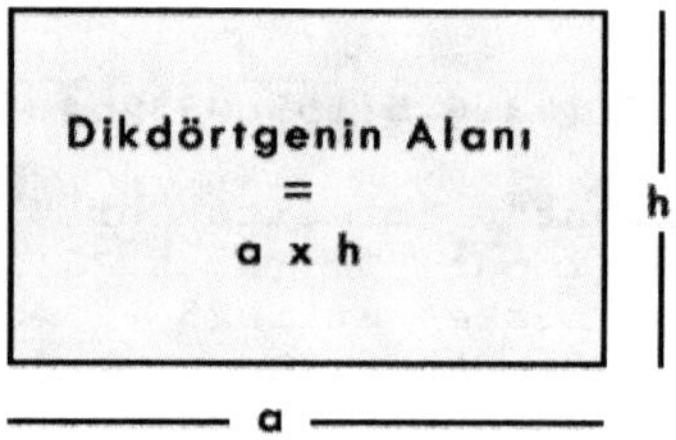

Python 3.6.5 Shell

File Edit Shell Debug Options Window Help

```
Python 3.6.5 (v3.6.5:f59c0932b4, Mar 28 2018, 16:07:46)
1)] on win32
Type "copyright", "credits" or "license()" for more infc
>>> a=int(input("Lütfen uzun kenarın boyunu yazınız"))
Lütfen uzun kenarın boyunu yazınız50
>>> h=int(input("Lütfen kısa kenarın boyunu yazınız"))
Lütfen kısa kenarın boyunu yazınız20
>>> alan=a*h
>>> print(alan)
1000
>>> |
```

Nasıl Çözdük?

- `a` isminde değişken tanımladık ve kullanıcıdan uzun kenarın boyunu girmesini istedik ve `integer` yani tam sayıya dönüştürdük.
- `h` isminde değişken tanımladık ve kullanıcıdan kısa kenarın boyunu girmesini istedik ve `integer` yani tam sayıya dönüştürdük.
- `alan` isminde bir değişken tanımladık ve `a` ve `h` değişkenlerini çarparak alanı hesapladık.
- `print` komutu ile alan bilgisini ekrana yazdık.

Aşağıda görülen futbol sahasının çevresini hesaplayalım.

Çevre hesaplama formülü tüm kenarların değerlerinin toplanmasıdır.

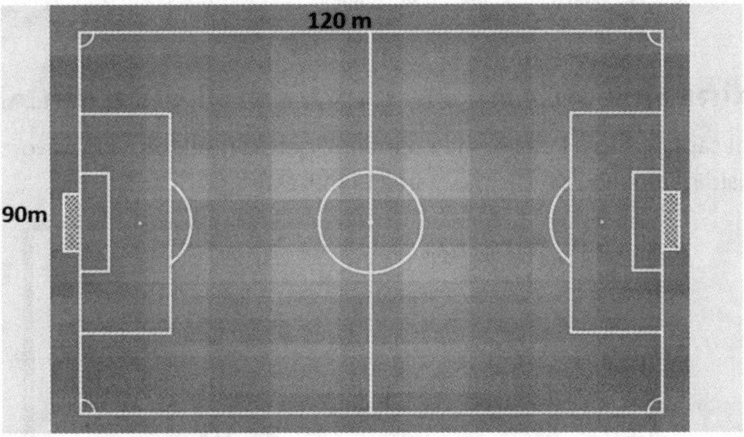


```
Python 3.6.5 Shell
File  Edit  Shell  Debug  Options  Window  Help
Python 3.6.5 (v3.6.5:f59c0932b4, Mar 28 2018, 16:07
1)] on win32
Type "copyright", "credits" or "license()" for more
>>> kisakenar=90
>>> uzunkenar=120
>>> cevre=2* (kisakenar+uzunkenar)
>>> print("Futbol sahasının çevresi",str(cevre))
Futbol sahasının çevresi 420
>>> |
```

Nasıl Çözdük?

- `kisakenar` isimli değişkene `90` değerini verdik.
- `uzunkenar` isimli değişkene `120` değerini verdik.
- `cevre` isimli değişken futbol sahasının çevresini hesaplamak için tanımlandı ve tüm kenarları toplayarak ya da 2 * (*kısakenar* + *uzunkenar*) formülü ile hesaplandı.
- Ekrana çevre bilgisi yazdırıldı. Ancak burada diğer örneklerden daha farklı bir komut kullandık.

> NOT
> `Print` fonksiyonunun kullanımını öğrenmiştik ancak burada farklı bir ek komut daha kullanıldı. Öncelikle `str` fonksiyonunu açıklayalım. `Str` fonksiyonu içine aldığı değeri `string` hâle getirir. Yani karakter katarı haline getirir. Ve ancak bu şekilde "Futbol sahasının çevresi" isimli metin ile birleştir.

DAİRENİN ALANI VE ÇEVRESİNİ HESAPLAYALIM

Bu hesaplama için kullanıcıdan almamız gereken tek bir veri var o da yarıçap bilgisidir. Çünkü Pi sayısı 3.14 olarak bilinmektedir.

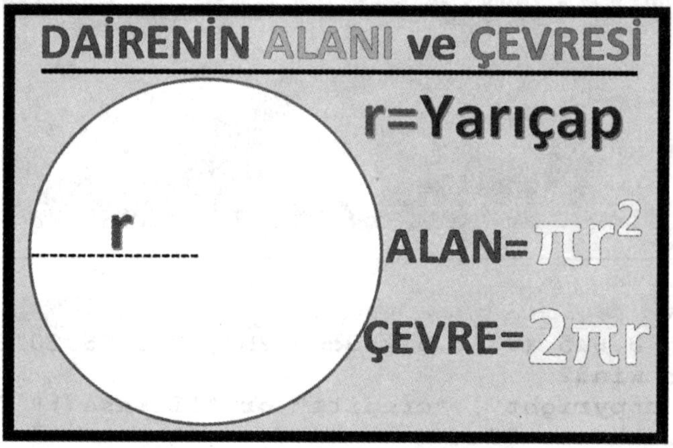

```
Python 3.6.5 Shell
File  Edit  Shell  Debug  Options  Window  Help
Python 3.6.5 (v3.6.5:f59c0932b4, Mar 28 2018, 16:0
1)] on win32
Type "copyright", "credits" or "license()" for mor
>>> pi=3.14
>>> yaricap=int(input("Lütfen yarıçapı giriniz"))
Lütfen yarıçapı giriniz10
>>> alan=pi*yaricap*yaricap
>>> cevre=2*pi*yaricap
>>> print("Alan:",alan," Çevre",cevre)
Alan: 314.0  Çevre 62.800000000000004
>>>
```

TÜR DÖNÜŞÜMLERİ

1. `String` *(STR)* veri tipinden `Integer` *(INT)* veri tipine dönüşüm.

   Veri tipi `string` olan bir değişkeni `integer` yapmak için `INT` komutunu kullanıyoruz. Aşağıda örneği yapılan çalışmada da göreceğiniz üzere `STR` türündeki bir veri `INT` türüne dönüşmüş.

```
Python 3.6.5 Shell
File  Edit  Shell  Debug  Options  Window  Help
Python 3.6.5 (v3.6.5:f59c0932b4, Ma
1)] on win32
Type "copyright", "credits" or "lic
>>> degisken="25"
>>> type(degisken)
<class 'str'>
>>> degisken=int(degisken)
>>> type(degisken)
<class 'int'>
>>>
```

Ancak her `string` tipindeki veri `integer` tipine dönüşmez. Şöyle ki; eğer dönüşümü uygun olmayan bir veri barındırıyorsa dönüşüm yapılamaz. Yani "**ahmet**" kelimesi sayısal bir veriye dönüştürülemez.

```
Python 3.6.5 Shell
File  Edit  Shell  Debug  Options  Window  Help
Python 3.6.5 (v3.6.5:f59c0932b4, Mar 28 2018, 16:07:46) [MSC
1)] on win32
Type "copyright", "credits" or "license()" for more informat
>>> degisken="ahmet"
>>> type(degisken)
<class 'str'>
>>> degisken=int(degisken)
Traceback (most recent call last):
  File "<pyshell#2>", line 1, in <module>
    degisken=int(degisken)
ValueError: invalid literal for int() with base 10: 'ahmet'
>>> |
```

2. `Integer` (INT) veri tipinden `String` *(STR)* veri tipine dönüşüm.

Sayısal veriyi, `string` bir veri tipine dönüştürmek için kullanılır. Özellikle `string`'lerin birleştirilmesi için şarttır. Şöyle ki; eğer iki `string`'i birleştirmek isterseniz hiçbir sorun olmaz ancak `string` ile `integer` bir veriyi birleştirmek isterseniz tıpkı elmalarla armutları toplamak gibi olur ki bu durumda **TYPE ERROR** yani tip hatası oluşur.

```
Python 3.6.5 Shell
File  Edit  Shell  Debug  Options  Window  Help
Python 3.6.5 (v3.6.5:f59c0932b4, Mar 28 2018
1)] on win32
Type "copyright", "credits" or "license()" f
>>> yas=5                                  HATALI KULLANIM
>>> cumle="Ben"+yas+"yaşındayım"
Traceback (most recent call last):
  File "<pyshell#1>", line 1, in <module>
    cumle="Ben"+yas+"yaşındayım"
TypeError: must be str, not int
>>> cumle="Ben"+str(yas)+" yaşındayım"
>>> print(cumle)                           DOĞRU KULLANIM
Ben5 yaşındayım
>>>
```

3. `Float` veri tipinden `Integer` *(INT)* veri tipine dönüşüm.

`Float` yani noktalı sayı tipinden `integer` yani tam sayı veri tipine dönerken küsurat yani noktadan sonraki kısım atılır. 4.99 olan bir `float` sayı, tam sayıya dönüştürülürken **4** olarak dönüşür.

```
Python 3.6.5 Shell
File Edit Shell Debug Options Window Help
Python 3.6.5 (v3.6.5:f59c0932b4, Mar 28 20
1)] on win32
Type "copyright", "credits" or "license()"
>>> elma=4.99
>>> int(elma)
4
>>> armut=4.01
>>> int(armut)
4
>>>
```

4. `Integer` *(INT)* veri tipinden `Float` *(Noktalı sayı)* tipine dönüşüm.

`İnteger` sayı aslında aynı zamanda bir noktalı sayıdır. Bu nedenle bu dönüşüm çok da fazla kullanılmaz. Çünkü değişen sadece gösterim şekli olur.

```
Python 3.6.5 Shell
File Edit Shell Debug Options Window Help
Python 3.6.5 (v3.6.5:f59c
1)] on win32
Type "copyright", "credit
>>> elma=5
>>> float(elma)
5.0
>>> |
```

Ayrıca `integer`'dan `float`'a **otomatik** dönüşüm de söz konusu olur. Örneğin; Elma 2,5 TL, Armut 2 TL, Muz 6 TL ise toplam sonuç 10,50 TL olur. Bu durumda bir dönüşüm uygulamamız gerekmez, çünkü aynı zamanda her tam sayı aslında noktalı sayıdır.

```
Python 3.6.5 Shell
File Edit Shell Debug Options Window Help
Python 3.6.5 (v3.6.5:f59c0932b4, Mar 28 201
1)] on win32
Type "copyright", "credits" or "license()"
>>> elma=2.5
>>> armut=2
>>> muz=6
>>> toplam=elma+armut+muz
>>> print(toplam)
10.5
>>>
```

KOŞULLU İFADELER

5

Koşullu ifadeler günlük hayatımızda da sıkça kullandığımız karar yapılarıdır. Örneğin; yarın hava güzel olur ise gezmeye çıkarım değilse evde otururum. Benzeri cümleler aslında karar içermektedir.

Programlamanın bel kemiğini oluşturan bu koşullu ifadeleri anlamak ve uygulayabilmek, sizin hem programlama mantığınızı geliştirecek hem de gerçek hayattaki problemlerde de daha rahat karar alabileceksiniz. Koşullu ifadeler, daha önceki bölümde gördüğümüz `Boolean`, yani `True/False` *(Doğru/Yanlış)* veri tipi ile anlam bulurlar. En basit haliyle `if` kullanımı aşağıdaki gibi görselleştirilebilir.

Elbette burada `if` yapısının istediği **Doğru** ya da **Yanlış** sonuçları kendiliğinden oluşmaz. Bunun için karşılaştırma operatörleri kullanılır. Bu operatörler aşağıdaki gibidir.

Eşit	'=='	Verilerin eşitlik durumunu kontrol eder.
Eşit Değil	'!='	Verilerin eşit olmadığı durumları kontrol eder.
Büyüktür	>	Verilerin büyüklük durumunu kontrol eder.
Küçüktür	<	Verilerin küçüklük durumunu kontrol eder.
Büyük eşit	>=	Verilerin büyük ve eşit olma durumunu kontrol eder.
Küçük eşit	<=	Verilerin küçüklük ve eşit olduğu durumları kontrol eder.

Basit bir örnek uygulama yapalım.

Bildiğiniz gibi Türkiye'de ehliyet alma yaşı 18'dir. Dolayısıyla 18 ve daha üstü yaşlarda olan bir kişi ehliyet alabilirken; 18'den küçük bireyler ise ehliyet alamazlar. Hadi bunun programını yazalım. Artık kabuğu daha az kullanacağız ve daha çok yazdığımız programları kaydedeceğiz. Öncelikle bunun nasıl olacağını görelim.

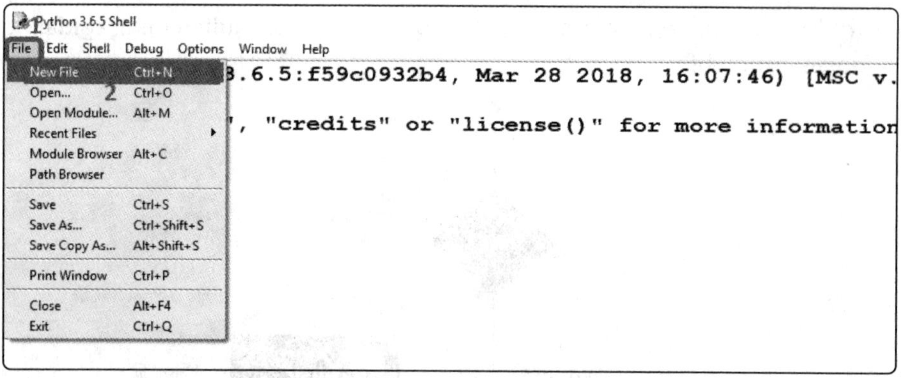

Kabuk ekranından **File->New File** seçeneğine tıklayarak; yeni bir dosya açılmasını sağlıyoruz.

```
*Untitled*
File Edit Format Run Options Window Help
yas=int(input("Lütfen yaşınızı giriniz"))

if yas>=18:
    print("Ehliyet alabilirsiniz")
else:
    print("Ehliyet alamazsınız")
```

Programımız yazdıktan sonra **Run->Run Module** seçeneğini tıklıyoruz ya da daha kolay yol olan **F5** tuşuna basıyoruz. Bu durumda öncelikle programı kaydetmemiz istenecektir.

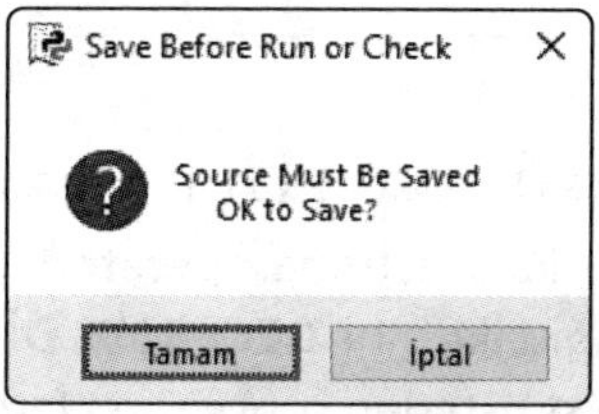

Tamam tuşuna bastıktan sonra programı kaydedecek yeri belirleyip lütfen adını giriniz. Lütfen belirleyeceğiniz isimler anlamlı ve proje ile ilgili olsun daha sonraki çalışmalarda faydalanmak istediğinizde bulamayabilirsiniz.

Program çalışınca *(F5'ten sonra)* **SHELL** ekranı otomatik olarak düşecek ve bizden gereken bilgileri isteyecektir. Eğer 18 ve 18'den büyük bir yaş bilgisi girersem, aşağıdaki gibi bir **çıktı** oluşacaktır.

```
Python 3.6.5 Shell
File Edit Shell Debug Options Window Help
Python 3.6.5 (v3.6.5:f59c0932b4, Mar 
1)] on win32
Type "copyright", "credits" or "licen
>>>
 RESTART: C:/Users/sugokhan/Desktop/g
deler/program/ehliyet.py
Lütfen yaşınızı giriniz19
Ehliyet alabilirsiniz
>>> 
```

Eğer 18'den küçük bir yaş bilgisi girersem, bu durumda ise şu şekilde bir **çıktı** oluşacaktır.

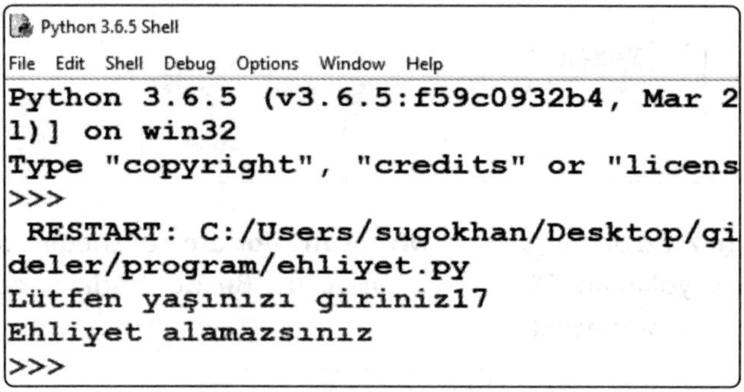

SIK KARŞILAŞILAN HATALAR

- `if` cümlesinin sonunda karşılaştırma operatörlerinden sonra "**:**" *(iki nokta üst üste)* koymazsanız, aşağıdaki gibi **GEÇERSİZ DİZİLİM** hatası alırsınız. Çünkü Python dili o iki nokta üst üsteden sonra süreçleri işletiyor.

  Else, kelimesinden sonraki ":" işaretini de unutursak yine aynı hatayı alırız.

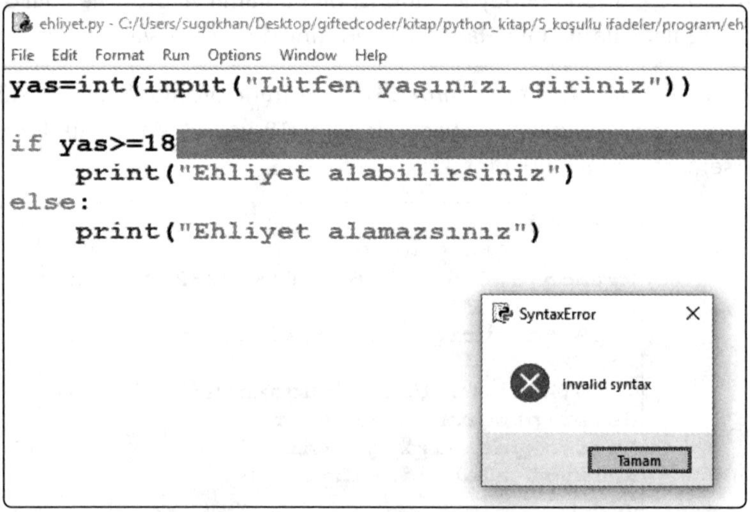

- Eğer gerekli girintileri *(TAB)* vermezsek, Python dili hata verecektir. Öncelikle hataya bakalım ardından neden böyle olduğunu ve diğer dillerdeki uygulamalarına bakalım.

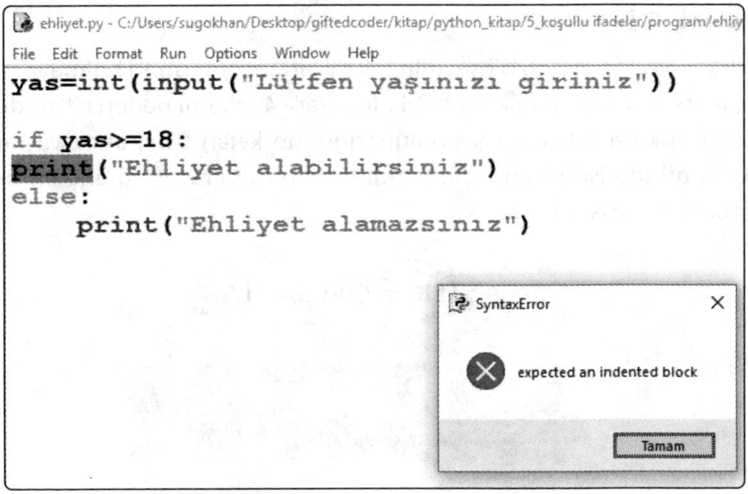

Bu hatanın Türkçesi şudur; girinti bekliyordum ama yapmamışsın.

Python Dili	PHP Dili

yas=18
if yas>=18:
    print("Ehliyet alabilirsiniz")
else:
    print("Ehliyet alamazsınız")
	<?php
	$yas=17;
	if ($yas>=18){
	echo "Ehliyet Alabilirsiniz";
	}else{
	echo "Ehliyet Alamazsınız";
	}
	?>

Python dili, dizilimde *(syntax)* oldukça sadeleşmeye gitmiş bir dildir. Sol tarafta Python kodlarını gördüğünüz programın aynısı, sağ tarafta PHP dilinde yazılmıştır. PHP dilinde değişken tanımlarken "**$**" işareti kullanılmış. `if` kelimesinin sonunda "**{**" var ve şartın bittiğini gösteren "**}**" işareti var ve dikkat ederseniz her satırın sonunda "**;**" işareti yer almaktadır.

PHP dili şartların başlama ve bitişi "**{**" ve "**}**" ile belirlerken; Python dili bunu girintilerle yapmaktadır. Bu durum bizi daha hızlı sade ve düzenli kod yazmaya sevk eder. Ancak eğer girintileri unutursak program ya çalışmayacaktır ya da hatalı sonuç verecektir.

TEK Mİ ÇİFT Mİ?

Şimdi klavyeden girilen bir sayının tek mi çift mi olduğunu bulmaya çalışacağız. Peki, matematiksel olarak bu nasıl olur? Yani 4 rakamı neden çifttir de 5 rakamı tektir? Çünkü 4 rakamı 2 ye bölündüğünde kalan 0'dır, ancak 5 rakamı 2'ye bölündüğünde ise kalan 1'dir. Şimdi hem bir operatör öğrenelim hem de bu oyunumuzu yapalım.

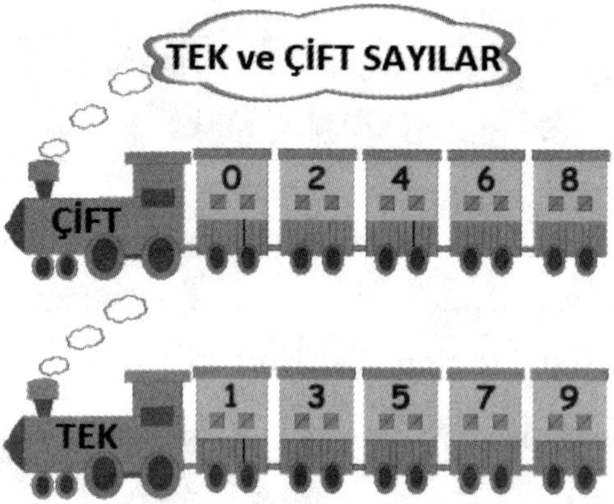

tekmiciftmi.py - C:/Users/sugokhan/Desktop/giftedcoder/kitap/python_kitap/5_koşullu ifadeler/progra

File Edit Format Run Options Window Help

```
#klavyeden sayı girilmesini sağlar
sayi=int(input("Lütfen bir sayı giriniz"))

#kalanı bulmak için kullanıyoruz
kalan=sayi%2

#eğer kalan 0 ise çift, değilse tek
if (kalan==0):
    print("Çift Sayı")   #girintiyi unutma
else:
    print("Tek Sayı")    #girintiyi unutma
```

ile başlayan satırlar yorum satırları olup program çalıştırılırken göz ardı edilir, yani değerlendirilmeye alınmaz, ancak lütfen program yazarken açıklama satırları kullanınız. Bu size gelecekte çok faydalı olacaktır.

Program çıktısı aşağıdaki gibi olacaktır. *(Önce 4, sonra ise 5 girilmiştir.)*

```
Python 3.6.5 Shell
File Edit Shell Debug Options Window Help
Python 3.6.5 (v3.6.5:f59c0932b4, Ma
1)] on win32
Type "copyright", "credits" or "lic
>>>
 RESTART: C:/Users/sugokhan/Desktop/
deler/program/tekmiciftmi.py
Lütfen bir sayı giriniz4
Çift Sayı
>>>
 RESTART: C:/Users/sugokhan/Desktop/
deler/program/tekmiciftmi.py
Lütfen bir sayı giriniz5
Tek Sayı
>>> |
```

3'E BÖLÜNEBİLME OYUNU

Herhangi bir sayının 3'e bölünmesi durumunda 0,1 ya da 2 kalanı verecektir. Eğer 0 kalanı veriyorsa o sayı **3** ile bölünebilir. Ancak eğer 1 ya da 2 kalanı veriyorsa o sayı 3 ile tam bölünmüyordur.

Şimdi, bunun programını yazalım.

```
3e bolunebilme.py - C:/Users/sugokhan/Desktop/giftedcoder/kitap/python_kitap/5_koşullu ifadeler/program/3e bolunebilm
File Edit Format Run Options Window Help
#klavyeden sayı girilmesini sağlar
sayi=int(input("Lütfen bir sayı giriniz"))

#kalanı bulmak için kullanıyoruz
kalan=sayi%3

#eğer kalan 0 ise çift, değilse tek
if (kalan==0):
    print("3 ile tam bölünür")  #girintiyi unutma
else:
    print("3 ile tam bölünmez")   #girintiyi unutma
```

Oluşacak ekran çıktısı şöyledir. *(Program 3 kere çalıştırılmış ve 12, 13 ve 14 denenmiştir)*

```
Python 3.6.5 Shell
File  Edit  Shell  Debug  Options  Window  Help
Python 3.6.5 (v3.6.5:f59c0932b4,
1)] on win32
Type "copyright", "credits" or "l
>>>
 RESTART: C:/Users/sugokhan/Deskt
deler/program/3e bolunebilme.py
Lütfen bir sayı giriniz12
3 ile tam bölünür
>>>
 RESTART: C:/Users/sugokhan/Deskt
deler/program/3e bolunebilme.py
Lütfen bir sayı giriniz13
3 ile tam bölünmez
>>>
 RESTART: C:/Users/sugokhan/Deskt
deler/program/3e bolunebilme.py
Lütfen bir sayı giriniz14
3 ile tam bölünmez
>>> |
```

EN UCUZ SİNEMA BİLETİ

Aşağıdaki tabloya göre sınıfınızdaki 30 öğrencinin tamamının katılacağı bir sinema etkinliğinin size maliyetini hesaplayınız. Servis bedeli olarak da hem hafta için hem de hafta sonu 200 TL ödeme yapılacaktır.

	HAFTA İÇİ	HAFTA SONU
KATILIMCI SAYISI <10	10	15
KATILIMCI SAYISI >10	8	12.5

sinema.py - C:/Users/sugokhan/Desktop/giftedcoder/kitap/python_kitap/5_koşullu ifadeler/program/sinema.py (3.6.5)

File Edit Format Run Options Window Help

```
#hafta içi mi? hafta sonu mu gidilecek
gun=int(input("Hafta içi için 1, hafta sonu için 2"))
servisbedeli=200            #servis bedeli sabit
ogrencisayisi=30            #öğrenci sayısı da sabit

if (gun==1):                #eğer hafta için ise bilet 8TL
    biletparasi=8
else:
    biletparasi=12.5        #eğer hafta sonu ise bilet 12.5 TL

#bilet bedelini oğrenci mevcudu ile çarpıp, servisi de ekliyoruz
geneltoplam=ogrencisayisi*biletparasi+servisbedeli

#ekranda yazdırıyoruz
print("Toplam.:",str(geneltoplam))
```

Programı iki kez çalıştıracağım, böylece hem hafta içi hem de hafta sonu için ne kadar ödenmesi gerektiği ortaya çıkacaktır.

Python 3.6.5 Shell

File Edit Shell Debug Options Window Help

```
Python 3.6.5 (v3.6.5:f59c0932b4, Mar 28 2
1)] on win32
Type "copyright", "credits" or "license()
>>>
 RESTART: C:/Users/sugokhan/Desktop/gifte
deler/program/sinema.py
Hafta içi için 1, hafta sonu için 21
Toplam.: 440
>>>
 RESTART: C:/Users/sugokhan/Desktop/gifte
deler/program/sinema.py
Hafta içi için 1, hafta sonu için 22
Toplam.: 575.0
>>>
```

Mantıksal Operatörler

Mantıksal operatörler, tıpkı Türkçedeki bağlaçlar gibi iki koşulu birbirine bağlar. En sık kullanılan operatörler **AND** ve **OR** operatörleridir.

AND Operatörü

Bağladığı iki koşulun her ikisinin de gerçekleşmesi şarttır. Şöyle bir örnek ile açıklayalım; diyelim ki kırmızı bir Ferrari istiyorsunuz. Yani arabanızın rengi kırmızı olacak ve markası Ferrari olacak. Bu durumda aşağıdaki gibi bir tablo oluşacaktır.

MARKA	RENK	DURUM
Mercedes (0)	Beyaz (0)	RED (0)
Mercedes (0)	Kırmızı (1)	RED (0)
Ferrari (1)	Beyaz (0)	RED (0)
Ferrari (1)	Kırmızı (1)	KABUL (1)

Ve bağlacının, bağladığı tüm koşullar gerçekleşmeden **KABUL** görmez. Tablodan da anlayacağınız üzere hem kırmızı renkte hem de markası Ferrari olması şartıyla kabul edilmiştir.

Or Operatörü

Bağladığı iki veya daha fazla koşuldan herhangi birinin gerçekleşmesi yeterlidir. Şöyle bir örnek ile açıklayalım. Diyelim ki çok açsınız, yeter ki yiyecek bir şey olsun da ne olursa olsun diyorsunuz. Annenize tost ya da makarna yaparsan yerim diyorsunuz. Bakalım bu durum tabloda nasıl görünecek.

TOST	MAKARNA	DURUM
Yok (0)	Yok (0)	RED (0)
Var (1)	Yok(0)	KABUL (1)
Yok (0)	Var (1)	KABUL (1)
Var (1)	Var (1)	KABUL (1)

Gördüğünüz üzere, iki şarttan herhangi bir tanesinin yerine gelmesi kabul edilebilir durum oluşturmaktadır.

ASKERLİK ÖRNEĞİ

Ülkemizde 20 yaşına gelmiş her erkek askerlik görevini yerine getirmek zorundadır. Şimdi sizinle beraber askerlik sorgu programı yapalım. Kullanıcının önce cinsiyetini ve yaşını soralım.

- Eğer erkek ve yaşı 20 den büyükse; **ASKERE GİTMELİSİN** diye yazalım.
- Eğer erkek ve yaşı 20 den küçükse; **HENÜZ ASKERLİK YAŞIN GELMEMİŞ** diye yazalım.
- Eğer cinsiyeti kadın ise; **KADINLAR İÇİN ZORUNLU ASKERLİK GÖREVİ YOKTUR** yazalım.

askerlik.py - C:/Users/sugokhan/Desktop/giftedcoder/kitap/python_kitap/5_koşullu ifadeler/program/askerlik.py (3.6.5)

File Edit Format Run Options Window Help

```
#cinsiyet bilgisini alıyoruz. E ya da K şeklinde
cinsiyet=input("Lütfen cinsiyetinizi giriniz[E/K]")
#yas bilgisini alıyoruz, int (tamsayıya) çeviriyoruz
yas=int(input("Lütfen yaşınızı giriniz"))


if (cinsiyet=="K"):                    #eğer cinsiyet K ise;
    print("KADINLAR İÇİN ZORUNLU ASKERLİK YOKTUR")
elif (cinsiyet=="E" and yas>=20):      #eğer cinsiyet E ve yaş 20den büyükse
    print("ASKERE GİTMELİSİN")
elif (cinsiyet=="E" and yas<20):       #eğer cinsiyet E ve yaş 20den küçükse
    print("HENÜZ ASKERLİK YAŞIN GELMEMİŞ")
```

OLASI ÇIKTILAR

(Program 3 kere çalıştırılacak ve tüm şartlar girilecektir.)

```
Python 3.6.5 Shell
File  Edit  Shell  Debug  Options  Window  Help
Python 3.6.5 (v3.6.5:f59c0932b4, Mar 28
1)] on win32
Type "copyright", "credits" or "license
>>>
 RESTART: C:/Users/sugokhan/Desktop/gi
deler/program/askerlik.py
Lütfen cinsiyetinizi giriniz[E/K]K
Lütfen yaşınızı giriniz25
KADINLAR İÇİN ZORUNLU ASKERLİK YOKTUR
>>>
 RESTART: C:/Users/sugokhan/Desktop/gi
deler/program/askerlik.py
Lütfen cinsiyetinizi giriniz[E/K]E
Lütfen yaşınızı giriniz25
ASKERE GİTMELİSİN
>>>
 RESTART: C:/Users/sugokhan/Desktop/gi
deler/program/askerlik.py
Lütfen cinsiyetinizi giriniz[E/K]E
Lütfen yaşınızı giriniz15
HENÜZ ASKERLİK YAŞIN GELMEMİŞ
>>> |
```

İETT Otobüslerine Kimler Ücretsiz Binebilir?

İETT otobüslerinde, yolcuların yaşlarına göre ücretsiz binme hakları vardır. 6 yaşından küçük çocuklar ve 65 yaşından büyük bireyler yolcu otobüsüne ücretsiz binebilirler. Şimdi, bu programı yazalım beraber. Yolcunun yaşını soralım ve ona göre ücretsiz binip binemeyeceğini söyleyelim.

6 yaş ve daha küçük çocuklar ile 65 yaş ve üstü yaşlılar ücretsiz faydalanabilir.

Program Kodları

otobüs.py - C:/Users/sugokhan/Desktop/giftedcoder/kitap/python_kitap/5_koşullu ifadeler/program/otobüs.py (3.6.5)

File Edit Format Run Options Window Help

```
#kullanıcıdan yaş bilgisi alıp, tamsayıya dönüştürüyoruz.
yas=int(input("Lütfen yaşınızı yazınız"))

#65 yaştan büyük veya 6 dan küçük mü kontrol ediyoruz
if (yas<=6 or yas >=65):
    print("İETT otobüslerinden ücretsiz faydalanabilirsiniz")
else:           #bunun dışındaki bireyler ücret ödemek durumunda
    print("Ücret Ödemeniz Gerekmektedir")
```

Program açıklaması:

Öncelikle kullanıcıdan yaş bilgisi girmesini istedik ve aldığımız değeri tam sayıya dönüştürdük. Çünkü yaş bilgisi, tam sayı grubuna girmektedir.

Daha sonra indirim gruplarının belirleyicisi olan şartları tanımladık. Belediye otobüs hizmetinden **ücretsiz** faydalanmak iki tür yaş grubu için mümkündür. Ya 6 ve daha küçük yaşlarda olacaksınız ya da 65 ve daha üstü yaşlarda olmanız gerekmektedir. Bunun dışındaki bireyler ücret ödemek durumundadır.

OLASI ÇIKTILAR

```
>>>
 RESTART: C:/Users/sugokhan/Desktop/giftedcoder/kit
deler/program/otobüs.py
Lütfen yaşınızı yazınız4
İETT otobüslerinden ücretsiz faydalanabilirsiniz
>>>
 RESTART: C:/Users/sugokhan/Desktop/giftedcoder/kit
deler/program/otobüs.py
Lütfen yaşınızı yazınız70
İETT otobüslerinden ücretsiz faydalanabilirsiniz
>>>
 RESTART: C:/Users/sugokhan/Desktop/giftedcoder/kit
deler/program/otobüs.py
Lütfen yaşınızı yazınız20
Ücret Ödemeniz Gerekmektedir
>>>
```

Günün Saatlerine Göre Karşılama

Mobil uygulamalar ya da üyelik ile girdiğimiz sosyal medya araçları günün belli saatlerine göre bize farklı şekillerde hitap etmektedir.

Sabah saatlerinde; Günaydın Gökhan, akşam saatlerinde ise İyi Akşamlar demektedir.

Kullanıcıdan alacağımız *(daha sonra otomatik olarak da alabileceğiz)* saate göre bir hitap cümlesi oluşturan program yazacağız.

BAŞLANGIÇ SAATİ	BİTİŞ SAATİ	HİTAP
07	10	Günaydın
11	17	İyi Günler
18	21	İyi Akşamlar
Bunun dışında kalan zaman diliminde		İyi Geceler

saat.py - C:/Users/sugokhan/Desktop/giftedcoder/kitap/python_kitap/5_koşullu ifadeler/program/sa

File Edit Format Run Options Window Help

```
#saat bilgisi alındı ve tamsayıya çevrildi
saat=int(input("Lütfen saati giriniz"))

#kullanıcının hatalı saat girip girmediği
#kontrol edildi
if (saat<0 or saat>24):
    #eğer doğru saat girilmemişse;
    print("Hatalı Saat Girdiniz")
else:
    #eğer doğru saat girilmişse
    #zaman dilimlerine bakılır
    if (saat>6 and saat<=10):
        print("Günaydın")
    elif (saat>10 and saat<=17):
        print("İyi Günler")
    elif (saat>17 and saat<=21):
        print("İyi Akşamlar")
    else:
        print("İyi Geceler")
```

Bu çalışmada öncelikle kullanıcıdan gelen veriyi kontrol ettik. Çünkü 0'dan küçük ve 24'ten büyük bir saat olamaz. Eğer bu aralıklarda saat girişi olduysa; artık zaman hesaplama girebiliriz. Tabloda verilen değerlere göre kontroller yapıldı ve ona göre hitap cümleleri oluşturuldu. Hatalı saat girilmesi durumunda aşağıdaki çıktılar oluşacaktır.

```
Python 3.6.5 Shell
File Edit Shell Debug Options Window Help
Python 3.6.5 (v3.6.5:f59c0932b4,
1)] on win32
Type "copyright", "credits" or '
>>>
 RESTART: C:/Users/sugokhan/Desk
deler/program/saat.py
Lütfen saati giriniz-1
Hatalı Saat Girdiniz
>>>
 RESTART: C:/Users/sugokhan/Desk
deler/program/saat.py
Lütfen saati giriniz25
Hatalı Saat Girdiniz
>>>
```

Doğru saat dilimleri girersek; hitap cümlelerini görebiliriz.

```
Python 3.6.5 Shell
File Edit Shell Debug Options Window Help
Python 3.6.5 (v3.6.5:f59c0932l
1)] on win32
Type "copyright", "credits" o:
>>>
 RESTART: C:/Users/sugokhan/D
deler/program/saat.py
Lütfen saati giriniz8
Günaydın
>>>
 RESTART: C:/Users/sugokhan/D
deler/program/saat.py
Lütfen saati giriniz12
İyi Günler
>>>
 RESTART: C:/Users/sugokhan/D
deler/program/saat.py
Lütfen saati giriniz19
İyi Akşamlar
>>>
 RESTART: C:/Users/sugokhan/D
deler/program/saat.py
Lütfen saati giriniz23
İyi Geceler
>>> |
```

DÖNGÜLER 6

Döngüler, tıpkı karar cümleleri *(if-elif-else)* gibi programlamanın olmazsa olmaz yapılarından birisidir. Şimdiye kadar yaptığımız programlar sadece 1 kere çalıştı ve durdu. Oysa mesela kullanıcı adı ve parola girilmesini isteyen bir web sitesi kullanıcı adı ve parola doğru olana kadar denemeniz üzerine yapılandırılmıştır.

Döngü demek tekrar eden yapılar demektir, ancak hangi koşula göre tekrar edeceğini bizler yazarız. Örneğin, hafta sonu olmadığı sürece okula gideriz. Bu konuda istersek pazartesi, salı, çarşamba, perşembe, cuma günü okula git deriz. İstersek döngü kullanırız ancak döngü kullanmak kod satırlarımızın çok kısa olmasını sağlar ve bizi büyük zahmetlerden kurtarır. **Örneğin**; bir futbol maçı, geçen süre 90 dakikadan küçük olduğu sürece devam eder. 90 dakika biter bitmez oyun durur. Oysa bir tenis seti ise tenisçilerden birisi 40 yapana kadar devam eder.

Bir program yazdığınız ve kullanıcı çıkmak için "**q**" harfine basması gerekiyor. Bu durumda q harfine basılmadığı sürece program devam edecektir.

Pythonda 2 tane döngü vardır. Bunlardan bir tanesi `while`, diğeri ise `for` döngüsüdür.

While Döngüsü

İngilizce bir kelime olan **while**, Türkçede '**... iken, ... olduğu sürece**' gibi anlamlara gelir. Python'da **while** bir döngüdür. Bir önceki bölümde söylediğimiz gibi döngüler sayesinde programlarımızın sürekli olarak çalışmasını sağlayabiliriz.

Bu bölümde Python'da **while** döngüsünün ne olduğunu ve ne işe yaradığını anlamaya çalışacağız. Öncelikle **while** döngüsünün temellerini kavrayarak işe başlayalım.

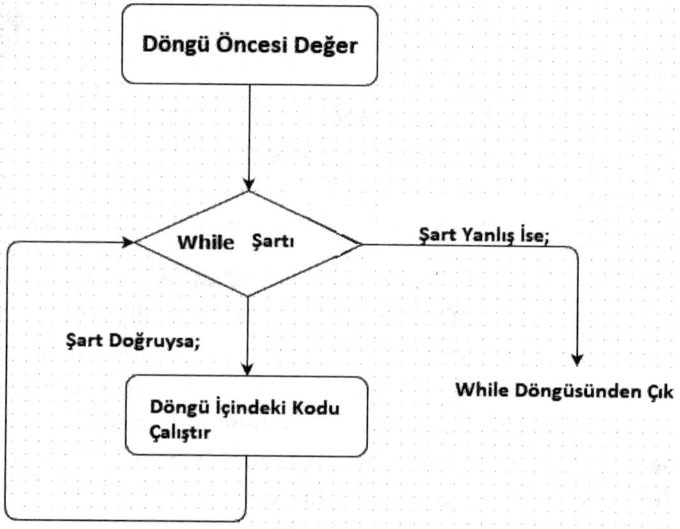

Dilerseniz bir örnek ile gösterelim;

İsminizi 5 kere yazacak bir program yazalım.

while_1.py - C:/Users/sugokhan/Desktop/giftedcoder/kitap/python_kitap/6_döngüler/program/while_1.py (3.6.5)

File Edit Format Run Options Window Help

```
#Değişkene başlangıç değeri verdik
sayac=0

#sayac değişkeni 5ten küçük olduğu sürece
#ekrana ismimi yazacak ve sayacı 1 arttıracak
while sayac<5:
    print("Merhaba Gökhan",sayac)        #girinti var
    sayac=sayac+1                         #girinti var
```

Peki, bu programın çıktısı nasıl olur?

```
 RESTART: C:/Users/sugokhan/D
ogram/while_1.py
Merhaba Gökhan 0
Merhaba Gökhan 1
Merhaba Gökhan 2
Merhaba Gökhan 3
Merhaba Gökhan 4
>>> |
```

Gördüğünüz gibi ismimi ve yanında sayaç değerini 5 kere yazdırdım. Her turda sayaç değişkeninin 1 arttığını ve sayaç 5 olduğunda artık döngünün sonlandığını görebilirsiniz.

Tekrar `while` döngüsünü anlattığımız şemaya dönersek;

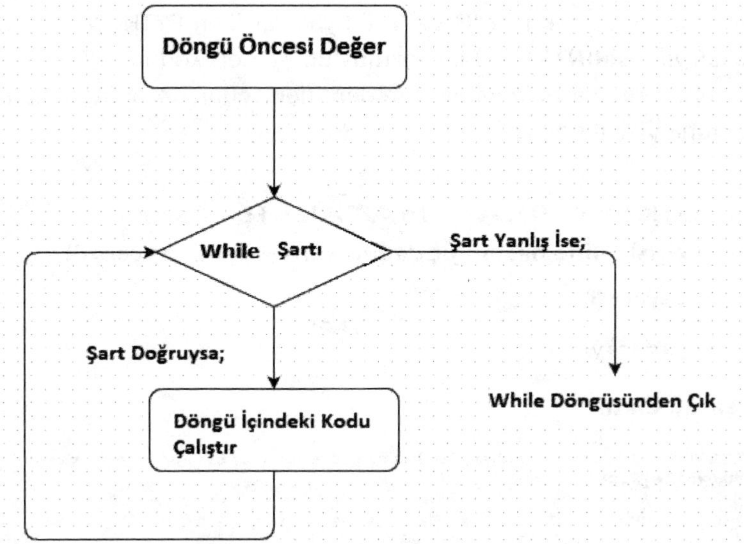


```
Döngü Öncesi Değer: sayac=0
While Şartı: sayac<5
Şart Doğruysa;
print("Merhaba Gökhan",sayac)
sayac=sayac+1
Şart Yanlışsa;
        Döngüden Çık
```

Tıpkı `if else` cümlelerinde olduğu gibi `while` döngüsünde de Python dili kapsamı yani şart doğruysa neleri tekrar edeceğini **GİRİNTİLER** ile anlar. Girinti dediğimiz yapı **TAB** tuşudur.

Yine başka diller ile kıyaslayacak olursa aynı program şu şekilde yazılırdı.

PYTHON	PHP

sayac=0
while sayac<5:
print("Merhaba Gökhan",sayac)
    sayac=sayac+1
$sayac=0;
	<?php
	while ($sayac<5){
	echo "Merhaba Gökhan".$sayac;
	$sayac=$sayac+1;
	}
	?>

Yukarıda görüldüğü gibi PHP dilinde `while` döngüsünün kapsamı yani sınırlarını belirlemek için "{" ve "}" ihtiyaç var iken PYTHON dili kapsam yani sınır olayını **GİRİNTİ** *(TAB)* ile çözmüştür. Python kodunun PHP koduna göre çok daha sade ve noktalama işaretlerinden mümkün olduğunca arındırılmış olduğuna dikkat ediniz.

En Sık Yapılan Hatalar

- **Sayaç değişkenine başlangıç değeri vermezseniz (sayac=0) ;**

```
while sayac<5:
    print("Merhaba Gökhan",sayac)
    sayac=sayac+1
```

Oluşacak Çıktı:

```
...
 RESTART: C:/Users/sugokhan/Desktop/giftedcoder/kitap/python_kitap/6_döngüler/pr
ogram/while_2.py
Traceback (most recent call last):
  File "C:/Users/sugokhan/Desktop/giftedcoder/kitap/python_kitap/6_döngüler/prog
ram/while_2.py", line 4, in <module>
    while sayac<5:
NameError: name 'sayac' is not defined
>>> |
```

Eğer sayaç değişkenine başlangıç değerini vermezseniz, tanımlamamış olursunuz. Döngü içinde ise sayaç 5'ten küçük olduğu sürece koşulunu kullanmak istiyorsunuz. Python diyor ki; adı sayaç olan bir şey tanımlanmadı, kullanamazsın.

- **Eğer döngü içerisinde sayacı arttırmazsanız (sayac=sayac+1)**

Döngü içinde sayaç artmazsa ne olur? Cevabı çok basit hiçbir zaman 5'e kadar çıkamaz, bu durumda ne olur **SONSUZ DÖNGÜ**... Programcıların en istemediği şeydir ve zorla kapatmayı gerektirir.

while_2.py - C:/Users/sugokhan/Desktop/giftedcoder/kitap/python_kitap/6_d

File Edit Format Run Options Window Help

```
sayac=0

while sayac<5:
    print("Merhaba Gökhan",sayac)
```

Oluşacak Çıktı:

```
Merhaba Gökhan 0
Merhaba Gökhan 0
Merhaba Gökhan 0
Merhaba Gökhan 0
Merhaba Gökhan 0
Merhaba Gökhan 0
Merhaba Gökhan 0
Merhaba Gökhan 0
Merhaba Gökhan 0
Merhaba Gökhan 0
Merhaba Gökhan 0
Merhaba Gökhan 0
Merhaba Gökhan 0
Merhaba Gökhan 0
Merhaba Gökhan 0
Merhaba Gökhan 0
```

Sayfalar boyunca **Merhaba Gökhan 0** yazacaktır, çünkü biz sayaç değerini arttırmadık. Program bu noktada sonsuz döngüye girdi ve buradan çıkmanın tek yolu, zorla kapatmak. Python da bunun için **CTRL+C** tuşlarına basabilirsiniz.

Aşağıdaki gibi bir hata alacaksınız. Merak etmeyiniz.

```
Merhaba Gökhan 0Traceback (most recent call last):
  File "C:/Users/sugokhan/Desktop/giftedcoder/kitap/p
6, in <module>
    print("Merhaba Gökhan",sayac)
KeyboardInterrupt
>>> |
```

Klavyeden bir kesme, zorla kapatma isteği gönderildi demektir. Lütfen kodunuzda gerekli düzenlemeleri yaparak yeniden başlatınız.

- **Girinti verirken hatalı davranmak**

Bildiğiniz üzere Python dili döngü kapsamı yani sınırlarını belirlemek için **GİRİNTİ** kullanmaktadır. Girinti, klavyeden **TAB** tuşu ya da **4 adet boşluk tuşu** anlamına gelir. Bazen öğrenciler, yanlışlıkla daha az ya da fazla sayıda boşluk bırakabiliyorlar. Bu durumda bulunması zor bir hata ile karşılaşıyoruz.

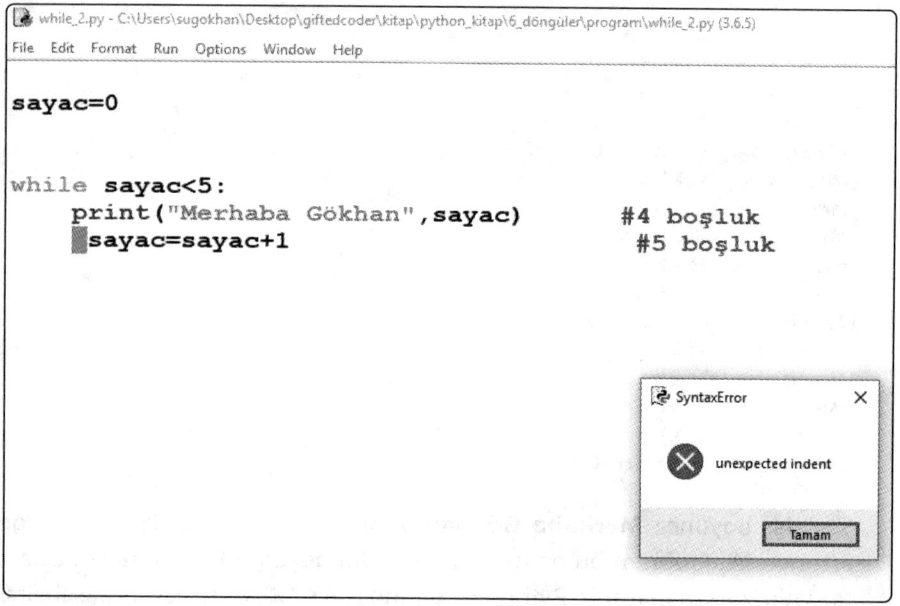

Beklenmeyen girinti hatası aldık. Girintilerin aynı olmadığı *(bir tanesi 4, diğeri ise 5 boşluklu)* ifade edilmektedir. Lütfen çalışmalarınızda hata ile karşılaşmamak adına **TAB** kullanınız.

SAYI TAHMİN OYUNU

Hepimizin çok kere oynadığı güzel bir oyun tasarlayalım. Bilgisayar 1-100 arasında bir sayı tutsun ve biz de onu tahmin etmeye çalışalım. Bu sayı diyelim ki; 18 olsun biz daha yüksek söylersek, mesela 50 dersek AŞAĞI, daha düşük söylersek, mesela 10 dersek YUKARI desin. Bununla birlikte 18 girdiğimizde **oyunu kazandınız tebrikler** gibi bir mesaj versin istiyoruz. Önce programı yazalım daha sonra detaylarını görelim.

Diyelim ki bilgisayar 18 sayısını tuttu.

```
1-100 aralığında bir sayı girin: 50
Tutulan sayı daha küçük.
1-100 aralığında bir sayı girin: 25
Tutulan sayı daha küçük.
1-100 aralığında bir sayı girin: 13
Tutulan sayı daha büyük.
1-100 aralığında bir sayı girin: 19
Tutulan sayı daha küçük.
1-100 aralığında bir sayı girin: 16
Tutulan sayı daha büyük.
1-100 aralığında bir sayı girin: 18
BRAVO! Sayıya ulaştınız.
```

sayıtahmin.py - C:/Users/sugokhan/Desktop/giftedcoder/kitap/python_kitap/6_döngüler/program/sayıtahmin.py (3.6.5)

File Edit Format Run Options Window Help

```python
pcsayi=18     #diyelim ki bilgisayar 18 tuttu
tahminim=0    #tahminim için başlangıç değeri 0

#tahminim ile pcsayi farklı olduğu sürece döngü sürer
while (tahminim!=pcsayi):
    #kullanıcıdan tahmin alıyorum
    tahminim=int(input("1-100 arasında sayı giriniz"))

    #eğer tahminim, pcsayidan büyükse
    if (tahminim>pcsayi):
        print("Tutulan Sayı Daha Küçük; AŞAĞI")

    #eğer tahminim, pcsayidan küçükse
    if (tahminim<pcsayi):
        print("Tutulan Sayı Daha Büyük; YUKARI")

#döngü bitti:) Yani tahminim, pcsayiya eşit
print("Bravo. Sayıya Ulaştınız")
```

Program Açıklaması

Öncelikle bilgisayarın bir sayı tutmasını sağlıyoruz. Şimdilik 18 belirledik, ama birazdan bu sayıyı otomatik hâle getireceğiz. Ardından **`tahminim`** isminde bir değişken tanımlıyorum.

Döngü yani pc'nin tuttuğu sayıyı tahmin işi, **`tahminim`** ve **`pcsayisi`** birbirinden farklı olduğu sürece devam edecektir. Bu nedenle belki de ilk kez kullandığımız bir komut görüyorsunuz.

```
while (tahminim!=pcsayi):
```

Döngü içinde kullanıcıyı doğruya yönlendirmeye çalışıyorum. Eğer tahminim, **`pcsayi`** değişkeninden büyükse **AŞAĞI**, tahminim **`pcsayi`** değişkeninden küçükse **YUKARI** şeklinde yönlendirme yapıyorum.

Döngüden çıkma şartı tahminim değişkeninin **`pcsayiya`** eşit olma şartı. Dolayısıyla eğer eşit ise döngüden çıkıyorum. Dikkat ederseniz girintinin iptal olduğu, silindiği yer döngünün bittiği yerdir.

```
print("Bravo. Sayıya Ulaştınız")
```

Yukarıdaki kısım en sol tarafa yaslanmıştır. Çünkü döngünün kapsamı dışında olması gerekir. Bunun sebebi artık döngü bitti ve bizim doğru sonuca erişmemizdir.

Oluşacak Çıktı:

```
 RESTART: C:/Users/sugokhan/Desktop/gif
ogram/sayıtahmin.py
1-100 arasında sayı giriniz50
Tutulan Sayı Daha Küçük; AŞAĞI
1-100 arasında sayı giriniz25
Tutulan Sayı Daha Küçük; AŞAĞI
1-100 arasında sayı giriniz13
Tutulan Sayı Daha Büyük; YUKARI
1-100 arasında sayı giriniz19
Tutulan Sayı Daha Küçük; AŞAĞI
1-100 arasında sayı giriniz16
Tutulan Sayı Daha Büyük; YUKARI
1-100 arasında sayı giriniz18
Bravo. Sayıya Ulaştınız
>>> |
```

Bu oyundaki eksik nedir?

Bilgisayarın tuttuğu sayının 18 olduğunu bildiğim sürece bu oyun hiç de zevkli ve anlamlı olmayacaktır. Oyunun keyifli olması için bilgisayarın ne tuttuğunu bilmem gerekir. Hadi onu da ekleyelim.

Bunun için **random** modülünü **import** etmek ve nasıl bir sayı istediğimiz yani hangi aralıklarda *(1-100 arası)* ve hangi türde *(tam sayı)* bir sayı istediğimizi ona söylememiz lazım.

sayıtahmin.py - C:/Users/sugokhan/Desktop/giftedcoder/kitap/python_kitap/6_döngüler/program/sayıtahmin.py (3.6.5)

File Edit Format Run Options Window Help

```
import random                    #random modülü dahil edildi
pcsayi=random.randint(1,100)     #1-100 arasında rastgele sayı
tahminim=0      #tahminim için başlangıç değeri 0

#tahminim ile pcsayi farklı olduğu sürece döngü sürer
while (tahminim!=pcsayi):
    #kullanıcıdan tahmin alıyorum
    tahminim=int(input("1-100 arasında sayı giriniz"))

    #eğer tahminim, pcsayidan büyükse
    if (tahminim>pcsayi):
        print("Tutulan Sayı Daha Küçük; AŞAĞI")

    #eğer tahminim, pcsayidan küçükse
    if (tahminim<pcsayi):
        print("Tutulan Sayı Daha Büyük; YUKARI")

#döngü bitti:) Yani tahminim, pcsayiya eşit
print("Bravo. Sayıya Ulaştınız")
```

Oluşacak Çıktı (Rastgele tuttuğu sayı 79 muş)

```
 RESTART: C:/Users/sugokhan/Desktop
1-100 arasında sayı giriniz50
Tutulan Sayı Daha Büyük; YUKARI
1-100 arasında sayı giriniz75
Tutulan Sayı Daha Büyük; YUKARI
1-100 arasında sayı giriniz83
Tutulan Sayı Daha Küçük; AŞAĞI
1-100 arasında sayı giriniz78
Tutulan Sayı Daha Büyük; YUKARI
1-100 arasında sayı giriniz80
Tutulan Sayı Daha Küçük; AŞAĞI
1-100 arasında sayı giriniz79
Bravo. Sayıya Ulaştınız
```

BASİT HESAP MAKİNESİ YAPALIM

4 işlem yapan bir hesap makineniz olsun ister misiniz? Peki, aynı zamanda sonsuz döngü kullanmayı öğrenmek? İşte şimdi beraber yapalım.

Amacımız, bir işlem menüsünden yapacağımız basit matematik işlemlerini seçmek. Eğer çıkmak istersek 0 tuşuna basarak çıkabiliriz.

Öncelikle ekran çıktısına bakalım, daha sonra kodları inceleyelim.

```
 RESTART: C:/Users/sugokhan/Desktop/giftedco‹
ogram/basithesapmakinesi.py
--------------------------------
(1) Topla
(2) Çıkar
(3) Çarp
(4) Böl
(0) Çık
--------------------------------
Lütfen yapmak istediğiniz işlemi seçiniz?1
Lütfen birinci sayıyı giriniz10
Lütfen ikinci sayıyı giriniz2
10  +  2 = 12
--------------------------------
(1) Topla
(2) Çıkar
(3) Çarp
(4) Böl
(0) Çık
--------------------------------
Lütfen yapmak istediğiniz işlemi seçiniz?0
Programdan Çıkıldı
>>> |
```

basithesapmakinesi.py - C:/Users/sugokhan/Desktop/giftedcoder/kitap/python_kitap/6_döngüler/program/basithesapmakinesi.py (3.6.5)

File Edit Format Run Options Window Help

```
while (True):                    #sonsuz bir döngüye gir
    print("-"*30)                #30 adet - yaz
    print("(1) Topla \n(2) Çıkar \n(3) Çarp \n(4) Böl")
    print("(0) Çık")             #çıkmak için 0 tuşu bekliyor
    print("-"*30)                #30 adet - yaz

    #hangi işlemin yapılacağını öğreniyoruz.
    islem=int(input("Lütfen yapmak istediğiniz işlemi seçiniz?"))
    if islem==0:                 #eğer 0 tuşuna basılırsa,
        break                    #döngüyü kırıp çıkıyoruz
    elif islem==1:               #toplama işlemi başlat
        sayi1=int(input("Lütfen birinci sayıyı giriniz"))
        sayi2=int(input("Lütfen ikinci sayıyı giriniz"))
        print(sayi1, " + ", sayi2, "=" , sayi1+sayi2)
    elif islem==2:               #çıkarma işlemi başlat
        sayi1=int(input("Lütfen birinci sayıyı giriniz"))
        sayi2=int(input("Lütfen ikinci sayıyı giriniz"))
        print(sayi1, " - ", sayi2, "=" , sayi1-sayi2)
    elif islem==3:               #çarpma işlemi başlat
        sayi1=int(input("Lütfen birinci sayıyı giriniz"))
        sayi2=int(input("Lütfen ikinci sayıyı giriniz"))
        print(sayi1, " * ", sayi2, "=" , sayi1*sayi2)
    elif islem==4:               #bölme işlemi başlat
        sayi1=int(input("Lütfen birinci sayıyı giriniz"))
        sayi2=int(input("Lütfen ikinci sayıyı giriniz"))
        print(sayi1, " / ", sayi2, "=" , sayi1/sayi2)

print("Programdan Çıkıldı")#döngüden çıkıldı
```

Öncelikle bu çalışmada bilmediğimiz yeni öğreneceğimiz alanlara odaklanalım.

1.

```
print("(1) Topla \n(2) Çıkar \n(3) Çarp \n(4) Böl")
```

"**\n**", **ENTER** tuşu ile aynı anlamı taşımaktadır. Menü oluştururken çok fazla `print` yazmak yerine tek bir `print` komutu ile bu sorunu çözmüş olduk.

2.

```
if islem==0
        break
```

Eğer kullanıcı 0 girdiyse döngüyü kır demektir. Peki, hangi döngü kırılacaktır. Tabii ki `while` *(True)* **döngüsü**. Yani sonsuz döngü kullanmak da mümkün, ancak o zaman hangi şartlarda döngüyü kıracağımızı belirtmek gerekir.

For Döngüsü

Python programlama dili ile yazılmış programların kaynak kodlarını incelediğinizde, içinde `for` döngüsü geçmeyen bir program kolay kolay bulamazsınız. Peki, nedir bu `for` döngüsü?

`For` da tıpkı `while` gibi bir döngüdür. Yani tıpkı `while` döngüsünde olduğu gibi programlarımızın birden fazla sayıda çalışmasını sağlar. Ancak `for` döngüsü `while` döngüsüne göre biraz daha yeteneklidir. `While` döngüsü ile yapamayacağınız veya yaparken çok zorlanacağınız şeyleri `for` döngüsü yardımıyla çok kolay bir şekilde hâlledebilirsiniz.

Şimdi gelelim `for` döngüsünün nasıl kullanılacağını bir örnek ile açıklayalım.

```
import turtle
turtle.bgcolor("red")
turtle.color("white")
for x in range(4):
    turtle.forward(100)
    turtle.left(90)
```

İlk derslerden hatırlayacağınız üzere **turtle** modülünü **import** ettik. Arka plan rengini kırmızı, kalem rengini de beyaz olarak belirledik. 100 adım git ve 90 derece sola dön komutunu 4 kere tekrarladık.

Peki, **RANGE(4)** ne demektir ve sizce x dediğimiz değişken döngü içerisinde hangi değerleri almıştır? Kodumuza bir ekleme yaparak bunu ekranda görelim.

```
import turtle
turtle.bgcolor("red")
turtle.color("white")
for x in range(4):
    turtle.write("x= "+str(x))
    turtle.forward(100)
    turtle.left(90)
```

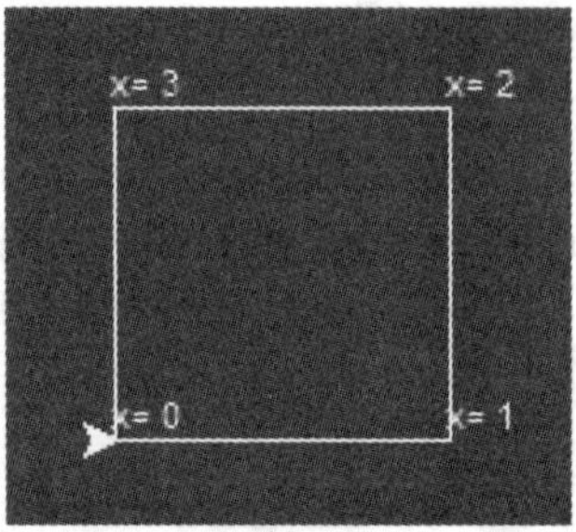

`Range(4)` demek, 0'dan başlamak üzere her turda x değişkenini 1 artır demektir. Sizin de ekranda görüş olduğunuz üzere, x ilk önce 0, ardından 1 ardından 2 ve son olarak 3 değerini almıştır. `Range(4)`, 4'e kadar demektir ve 4 sayısına erişmeden döngü bitecektir.

HADİ DAİRE YAPALIM

Aslında daire yapmanın hazır bir komutu olmasına rağmen kendi dairemizi kendimiz çizelim. Bu arada `for` döngüsünü de daha rahat anlamış oluruz.

for_cember.py - C:/Users/sugokhan/Desktop/giftedcoder/kitap/python_kitap/6_döngüler/program/for_cember.py (3.6.5)

File Edit Format Run Options Window Help

```
import turtle                 #turtle modülünü dahil et
turtle.pensize(5)             #kalem kalınlığı 5 olsun
turtle.bgcolor("red")         #arkaplan kırmızı olsun
turtle.pencolor("white")      #kalem rengi beyaz olsun
for x in range(360):          #360 kere tekrarla
    turtle.forward(1)         #1 adım git
    turtle.left(1)            #1 derece sola dön
```

Oluşacak çıktı aşağıdaki gibi olacaktır:

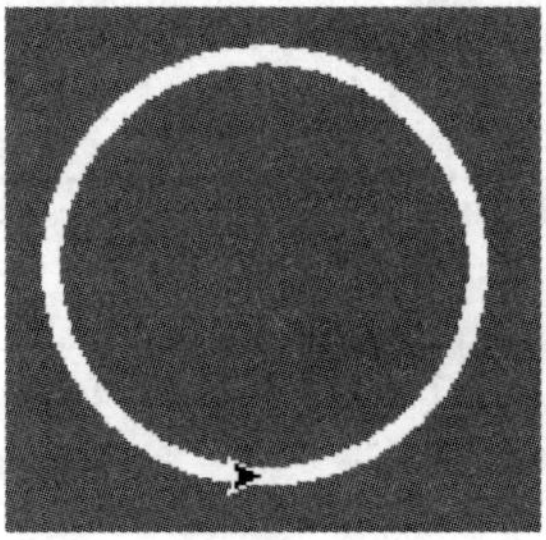

Aslında **turtle** modülü kendi içerisinde daire çizmek için bir komuta sahiptir. Bu komutun adı da `CIRCLE` komutudur. Bu komutun kullanımı da şu şekilde olacaktır.

```
import turtle                 #turtle modülünü dahil et
turtle.pensize(5)             #kalem kalınlığı 5 olsun
turtle.bgcolor("red")         #arkaplan kırmızı olsun
turtle.pencolor("white")      #kalem rengi beyaz olsun

turtle.home()                 #merkez noktaya (0,0) git
turtle.circle(50)              #50 yarıçaplı daire çiz
```

Oluşacak Çıktı:

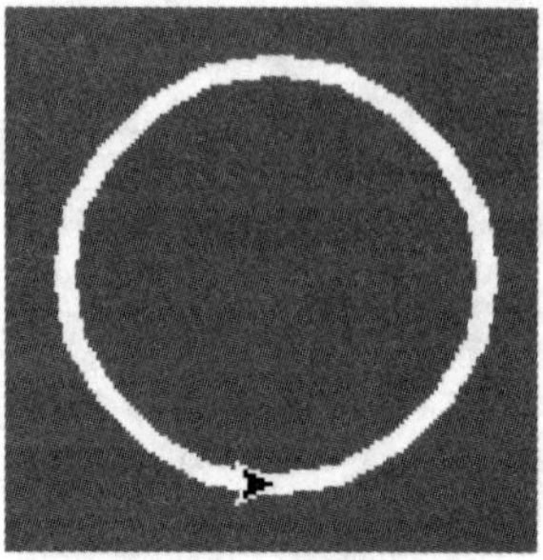

İÇ İÇE DAİRELER OLUŞTURALIM

Pek çok yerde gördüğünüz iç içe daireler, yine **FOR** döngüsü ile yapılabilmektedir. Birbirinden şaşırtıcı ve eğlenceli pek çok şekil çizmeniz mümkündür. Özellikle `for` döngüsünün amacını daha rahat anlamanın en eğlenceli yolu budur.

for_cembertarlası.py - C:/Users/sugokhan/Desktop/giftedcoder/kitap/python_kitap/6_döngüler/program/for_cembertarlası.py (

File Edit Format Run Options Window Help

```
import turtle                   #turtle modülünü dahil et
turtle.pensize(3)               #kalem kalınlığı 3 olsun
turtle.bgcolor("red")           #arkaplan kırmızı olsun
turtle.pencolor("white")        #kalem rengi beyaz olsun

for x in range(36):
    turtle.home()               #merkez noktaya (0,0) git
    turtle.left(x*10)           # her turda 10ar derece dön
    turtle.circle(100)          #100 yarıçaplı daire çiz
```

`For` döngüsü içinde gerçekleşen olaylar şöyledir. Her döngü başladığında **turtle** merkez noktasına yani (0,0) noktasına gitmektedir. Daha sonra her turda imleci 10 derece sola doğru döndürüyoruz.

Bunu yaparken döngü değişkeni olan x'i kullanıyoruz. Şöyle ki;

X Değişkenin Değeri	Dönme Kodu
X=0	turtle.left(0)
X=1	turtle.left(10)
X=2	turtle.left(20)
...	...
X=34	turtle.left(340)
X=35	turtle.left(350)

Daha sonra çemberi çiziyoruz.

Oluşacak Çıktı:

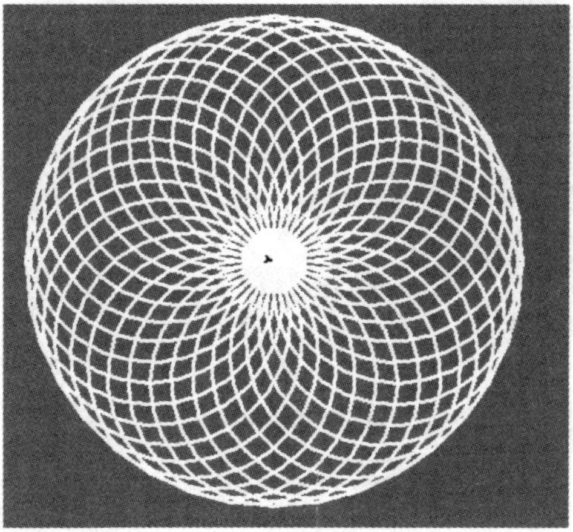

GİRDAP OLUŞTURMAYA NE DERSİNİZ?

for_karebuyuk.py - C:/Users/sugokhan/Desktop/giftedcoder/kitap/python_kitap/6_döngüler/program/for_karebuyuk.py (3.6.5)

File Edit Format Run Options Window Help

```
import turtle                  #turtle modülünü dahil et
turtle.pensize(1)              #kalem kalınlığı 1 olsun
turtle.bgcolor("red")          #arkaplan kırmızı olsun
turtle.pencolor("white")       #kalem rengi beyaz olsun

for x in range(200):           #200 kere tekrarlanacak
    turtle.forward(x)          #x, 0'dan 199'a kadar değişecek
    turtle.left(91)            # her turda 10ar derece dön
```

For döngüsü içinde şu durumlar yaşanmaktadır. X, 0'dan başlayarak 199'a kadar değerler almaktadır. **Turtle**, nesnesi her turda x adım atmaktadır. Yani ilk başlarda minik adımlar ve gittikçe büyüyen adımlar atması bu sebepledir. Şeklimize girdap görüntüsü veren ise `turtle.left(91)` komutudur.

Oluşacak Çıktı:

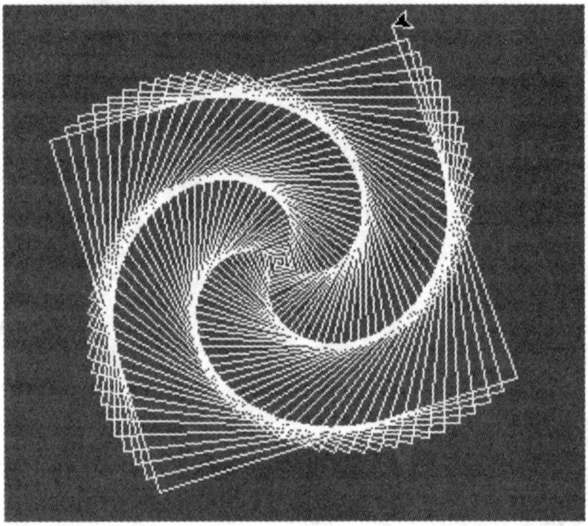

Yıldız Yapımı

Türk bayrağımız üzerinde yer alan yıldızı yapmayı deneyelim.

for_yıldız.py - C:/Users/sugokhan/Desktop/giftedcoder/kitap/python_kitap/6_döngüler/program/for_yıldız.py (3.6.5)

File Edit Format Run Options Window Help

```
import turtle                   #turtle modülünü dahil et
turtle.bgcolor("red")           #arkaplan kırmızı olsun
turtle.pencolor("white")        #kalem rengi beyaz olsun
turtle.fillcolor("white")       #dolgu rengi beyaz olsun
turtle.begin_fill()             #dolgu yapmaya başla

turtle.home()                   #merkez (0,0) noktasına git
for x in range(5):              #5 kere tekrarla
    turtle.forward(100)         #100 adım git
    turtle.right(120)           #sağa doğru 120 derece dön
    turtle.forward(100)         #100 adım git
    turtle.left(48)             #sola doğru 48 derece dön

turtle.end_fill()               #dolgu işlemi bitti
```

Burada ilk kez gördüğümüz dolgu komutları yer almaktadır.

Fillcolor, dolgu renginin ne olacağını belirlememizi sağlar. `Begin_fill` bu noktadan itibaren noktaları birleştirmeye ve içini dolu yapmaya başlar. `End_fill` ise dolgu yapma işlemini bitirir.

Oluşacak Çıktı:

Herhangi Bir Aralıktaki Tek Sayıları Bulalım

Daha önce yapmış olduğumuz örneklerden hatırlayacağınız üzere % operatörü bölme işleminde kalan kısmını veriyordu ve biz de böylece bir sayı çift mi tek mi rahatlıkla anlıyorduk.

Şöyle ki; **5%2=1** yani 5 bir tek sayıdır, **4%2=0** yani 4 bir çift sayıdır.

Peki, 80 ile 120 arasındaki tek sayıların hangileri olduğunu ve bunların toplamlarını öğrenmek istesem nasıl bir kod yazmam gerekir?

teksayi_for.py - C:/Users/sugokhan/Desktop/giftedcoder/kitap/python_kitap/6_döngüler/program/teksayi_for.py (3.6.5)

File Edit Format Run Options Window Help

```
liste=""                    #listenin ilk değeri boş
toplam=0                    #toplamın ilk değeri 0

for x in range(80,120):     #80den başlayıp, 120'e kadar
    if (x%2==1):            #bölümden kalan 1 ise tek sayıdır
        liste=liste+str(x)+" - " #listeye ekle
        toplam=toplam+x          #toplama ekle

#döngü bitti
print("Liste:",liste)                      #Listeyi ekrana yazdır
print("Tek sayıların toplamı=",toplam) #Toplamı ekrana yazdır
```

Burada yeni bir kullanım şekli öğrendik; **range(80,120)**. 80'den başlayarak 120'e kadar *(ancak 120 dahil değil)* kapsar. Ekran çıktısına bakarak daha iyi anlayabiliriz.

```
>>>
 RESTART: C:/Users/sugokhan/Desktop/giftedcoder/
kitap/python_kitap/6_döngüler/program/teksayi_fo
r.py
81 - 83 - 85 - 87 - 89 - 91 - 93 - 95 - 97 - 99
- 101 - 103 - 105 - 107 - 109 - 111 - 113 - 115
- 117 - 119 -
Tek sayıların toplamı= 2000
>>> |
```

Acaba bu işlemi biraz daha kolay nasıl yapabiliriz? Bu konuda yine bize **range fonksiyonu** yardım edecektir. Şöyle ki; range fonksiyonu hep iki sayı arasında birer birer artmaz, ne kadar artacağını aslında biz belirleriz. Eğer biz bir şey yazmasak birer birer artar, ancak eğer biz adım sayısını verirsek; o zaman bizim istediğimiz gibi artacaktır.

Yukarıdaki programın revize ederek yeniden yazıyorum. Böylece `if` kullanımına gerek kalmadan 81'den başlayıp ikişer ikişer arttırarak tek sayıları buluyorum

```
liste=""                    #listenin ilk değeri boş
toplam=0                    #toplamın ilk değeri 0

for x in range(81,120,2):   #81den başla, 120'e kadar,2'şer
    liste=liste+str(x)+" - " #listeye ekle
    toplam=toplam+x          #toplama ekle

#döngü bitti
print("Liste:",liste)                      #Listeyi ekrana yazdır
print("Tek sayıların toplamı=",toplam) #Toplamı ekrana yazdır
```

FAKTÖRİYEL HESAPLAMA

Faktöriyel, matematikte sıkça karşınıza gelecek bir konudur. Peki, faktöriyel nedir? Örneğin, 5! *(5 Faktöriyel)* şu demektir. **5*4*3*2*1=120**. Yani 5'ten 0'a kadar *(0 dâhil değil)* art arda gelen sayıların çarpımına **faktöriyel** denmektedir. Gelin programını yazalım ve artık bizim için faktöriyel ile ilgili olarak hesap kitap devri kapansın.

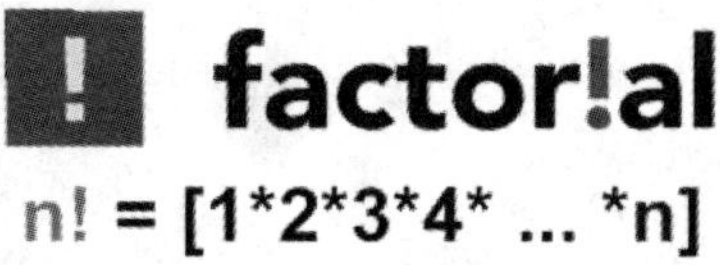

n! is "n factorial"

faktoriyel.py - C:/Users/sugokhan/Desktop/giftedcoder/kitap/python_kitap/6_döngüler/program/faktoriyel.py (3.6.5)

File Edit Format Run Options Window Help

```
#çarpma işleminde kullanılacağı için başlangıç değeri 1
faktoriyel=1

#kullanıcıdan sayı alıyoruz
sayi=int(input("Lütfen faktoriyeli alınacak sayıyı yazın"))

#girilen sayıdan başlamak üzere 0'a kadar 1'er azalt
for x in range(sayi,0,-1):          #tabii ki 0 dahil değil
    faktoriyel=faktoriyel*x         #kendinden önceki değerle çarp

#döngü bitti ekrana yazdır
print(sayi," sayısının faktoriyeli", faktoriyel)
```

Oluşacak Çıktı:

```
 RESTART: C:/Users/sugokhan/Desktop/giftedcoder/
ogram/faktoriyel.py
Lütfen faktoriyeli alınacak sayıyı yazın5
5  sayısının faktoriyeli 120
>>>
 RESTART: C:/Users/sugokhan/Desktop/giftedcoder/
ogram/faktoriyel.py
Lütfen faktoriyeli alınacak sayıyı yazın10
10  sayısının faktoriyeli 3628800
>>> |
```

Bu noktada yeni bir durum öğrendik, `range` komutundaki adım sayısı her zaman pozitif yani 1, 2 vb. olmak zorunda değil, **-1** gibi bir rakam da olabilir ve geri geri de sayabiliriz.

Faktöriyel konusu sizin için biraz karmaşık gelmiş olabilir. Değişkenler oluşturduk, birbiri ile çarptık, döngü kullandık. İlk etapta zorlanmanız çok normaldir. Size değişkenlerin değerlerini aslında adım adım ne olduğunu gösteren harika bir site öneriyorum. *(http://www.pythontutor.com/visualize.html)*

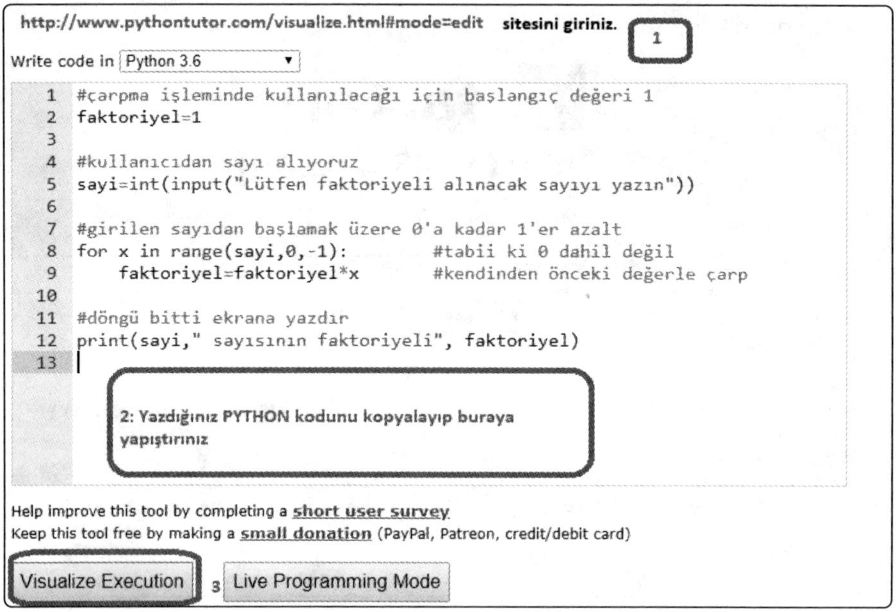

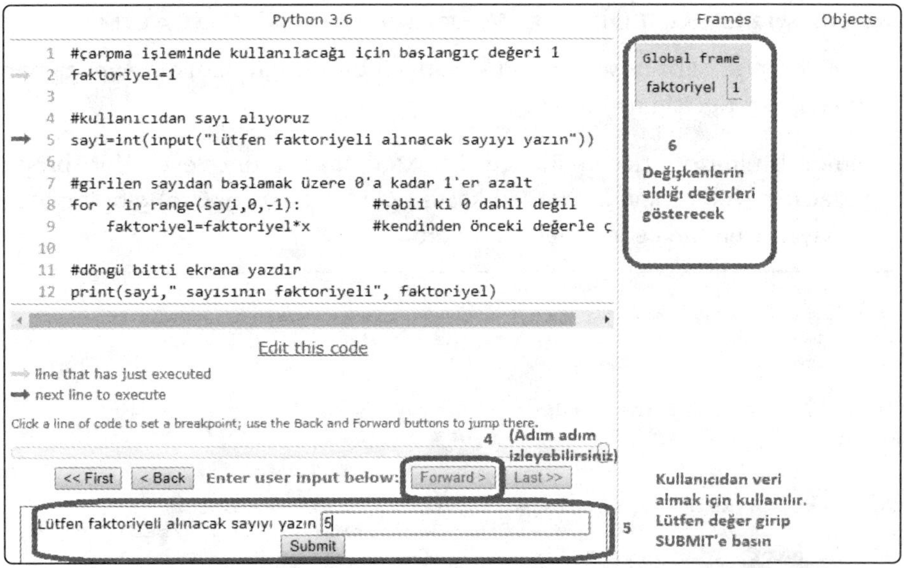

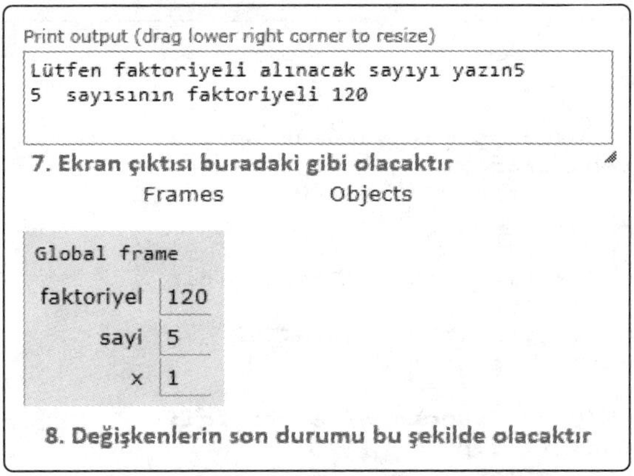

Bu web sitesi yazdığımız programlarda adım adım neler olduğunu gösterecek, nerelerde hata yaptığınızı anlamınızı sağlayacak, değişkenlerin aldığı değerleri gösterecek ve nihayetinde size sonuç bilgisi verecektir. Lütfen bu siteyi yazdıklarınızı daha iyi anlamak için mutlaka ziyaret ediniz.

İsmimizdeki Türkçe Karakterleri Bulalım

`For` döngüsü sadece sayılar için kullanılan bir döngü değildir. Aynı zamanda `string` veri tipi için de kullanılır.

Şimdi ismimizde geçen Türkçe karakter sayısını inceleyen bir program yazacağız. Türkçe karakterlerden kastettiğim (ş, İ, ı, ç, ğ, ü, ö) gibi İngilizcede olmayan ama Türkçede yer alan harflerdir.

turkceharffor.py - C:/Users/sugokhan/Desktop/giftedcoder/kitap/python_kitap/6_döngüler/program/turkceharffor.py (3.6.5)

File Edit Format Run Options Window Help

```
#türkçe karakterler tanımlandı
turkceharfler="İĞÜŞÇÖğşüçöı"

#isim değişkeni tanımlandı
isim=input("Lütfen adınızı giriniz")


for harf in isim:       #isim değişkeni harflere bölünür
    #herbir harfin turkceharfler degiskeninde olup olmadığına bakılır.
    if harf in turkceharfler:      #eğer varsa ekrana basılır
        print("Türkçe karakter bulundu:",harf)
```

Olası Çıktılar:

```
 RESTART: C:/Users/sugokhan/Desktop/gif
ogram/turkceharffor.py
Lütfen adınızı girinizGökhan SU
Türkçe karakter bulundu: ö
>>>
 RESTART: C:/Users/sugokhan/Desktop/gif
ogram/turkceharffor.py
Lütfen adınızı girinizKemal ATATÜRK
Türkçe karakter bulundu: Ü
>>>
 RESTART: C:/Users/sugokhan/Desktop/gif
ogram/turkceharffor.py
Lütfen adınızı girinizİSMET İNÖNÜ
Türkçe karakter bulundu: İ
Türkçe karakter bulundu: İ
Türkçe karakter bulundu: Ö
Türkçe karakter bulundu: Ü
>>> |
```

Lütfen yazdığımız programı *http://www.pythontutor.com/visualize.html* adresinde tekrar deneyerek adım adım nasıl çözümlendiğini kontrol ediniz.

İsim olarak denediğimiz `İSMET İNÖNÜ` değişkeni ile programın nasıl çalıştığını kontrol edelim.

SN	FOR DÖNGÜSÜ (HARF)	(IF) TÜRKÇE KARAKTER LİSTESİNDE VAR MI?	EKRAN ÇIKTISI
1	İ	TRUE	Türkçe karakter bulundu: İ
2	S	FALSE	
3	M	FALSE	
4	E	FALSE	
5	T	FALSE	
6		FALSE	
7	İ	TRUE	Türkçe karakter bulundu: İ
8	N	FALSE	
9	Ö	TRUE	Türkçe karakter bulundu: Ö
10	N	FALSE	
11	Ü	TRUE	Türkçe karakter bulundu: Ü

GÜVENLİ PAROLA BELİRLEME

Günümüzde parolaların güvenliği çok önemli bir hâle gelmiştir. 123456 gibi şifrelerin kırılma ihtimali çok yüksektir. Üye olmak için giriş yaptığınız siteler şifrelerin belli bir uzunlukta olmasına dikkat etmekle beraber büyük harf, küçük harf, sayı ve özel karakter içermesini de şart koşmaktadır.

Şimdi, sizinle beraber şu şartları taşıyan bir şifre güvenlik testi yapalım;

- En az 1 büyük harf (ABCÇDEFGĞHIİJKLMNOÖPRŞTUÜVWXYZ)
- En az 1 küçük harf (abcçdefgğhıijklmnoöprsştuüvwxyz)
- En az 1 sayı (0123456789)
- En az 1 özel karakter (.,*-+?)

Şimdilik şifrenin uzunluğu göz ardı edilmiştir. **HAZIR FONKSİYONLAR** kısmında değinilecektir.

sifreguvenligi.py - C:/Users/sugokhan/Desktop/giftedcoder/kitap/python_kitap/6_döngüler/program/sifreguvenligi.py (3.6.5)

File Edit Format Run Options Window Help

```
buyukharfler="ABCÇDEFGĞHIİJKLMNOÖPRŞTUÜVWXYZ"
kucukharfler="abcçdefgğhıijklmnoöprsştuüvwxyz"
rakamlar="0123456789"
ozelkarakterler=".,*-+?"
bhsayisi=0        #büyük harflerin sayisi
khsayisi=0        #küçük harflerin sayisi
rsayisi=0         #rakamların sayisi
oksayisi=0        #özel karakterlerin sayisi

sifre=input("Lütfen belirlemek istediğiniz şifreyi giriniz")

for harf in sifre:
    if harf in buyukharfler:  #buyuk harflerin içinde var mı?
        bhsayisi+=1
    if harf in kucukharfler:  #küçük harflerin içinde var mı?
        khsayisi+=1
    if harf in rakamlar:      #rakamların içinde var mı?
        rsayisi+=1
    if harf in ozelkarakterler: #özel karaterlerin içinde var mı
        oksayisi+=1

#döngü bitti
#eğer herhangi bir sayac 0 ise, bir kural ihlal edilmiş demektir.
#bu durumda şifre güvensizdir.
if (bhsayisi==0 or khsayisi==0 or rsayisi==0 or oksayisi==0):
    print("Şifre Güvenli Değildir")
else:
    print("Şifreniz Güvenlidir")
```

Programın Açıklaması: Öncelikle büyük harf, küçük harf, rakam ve özel karakterlerin neler olduğunu programımıza girdik. Ardından bunların her birinin girilen şifrede var olup olmadığını ya da kaç kere olduğunu gösterecek değişkenleri de *(bhsayisi vb.)* tanımladık ve ilk değerlerini `0` olarak belirledik. Ardından kullanıcıdan belirlemek istediği şifreyi girmesini istedik.

FOR döngüsü ile şifrenin her bir harfinin öncelikle büyük harfler arasında olup olmadığına baktık, varsa `bhsayisi` değişkenini bir arttırdık, ardından küçük harfler arasında olup olmadığına baktık, varsa `khsayisi` değişkenini bir arttırdık, daha sonra rakamlar arasında olup olmadığına baktık, varsa `rsayisi` değişkenini bir arttırdık ve son olarak da özel karakterler arasında olup olmadığına baktık, varsa `rsayisi` değişkenini bir arttırdık.

Döngünün sonunda yani tüm harfler analizden geçirildikten sonra bu sefer sayaç olarak kullandığımız 4 değişkenin *(bhsayisi, khsayisi, rsayisi, oksayisi)* herhangi birisinin **0** olup olmadığını kontrol ettik. Çünkü herhangi bir tanesi 0 ise mesela **RAKAM** kullanılmamış ise şifre güvenli olmayacaktır.

Bu durumda şifre güvenli değildir dedik, bunun dışındaki durumda ise şifreniz güvenlidir diye bildirdik.

Olası Çıktılar:

```
>>>
 RESTART: C:/Users/sugokhan/Desktop/giftedcoder/kitap/pytł
ogram/sifreguvenligi.py
Lütfen belirlemek istediğiniz şifreyi giriniz123456
Şifre Güvenli Değildir
>>>
 RESTART: C:/Users/sugokhan/Desktop/giftedcoder/kitap/pytł
ogram/sifreguvenligi.py
Lütfen belirlemek istediğiniz şifreyi girinizAb123456
Şifre Güvenli Değildir
>>>
 RESTART: C:/Users/sugokhan/Desktop/giftedcoder/kitap/pytł
ogram/sifreguvenligi.py
Lütfen belirlemek istediğiniz şifreyi girinizAHMET123ab
Şifre Güvenli Değildir
>>>
 RESTART: C:/Users/sugokhan/Desktop/giftedcoder/kitap/pytł
ogram/sifreguvenligi.py
Lütfen belirlemek istediğiniz şifreyi girinizAhmet123.
Şifreniz Güvenlidir
>>> |
```

ŞİFRELER	HATA SEBEBİ	DURUM
123456	Büyük Harf Yok Küçük Harf Yok Özel Karakter Yok	GÜVENLİ DEĞİLDİR.
Ab123456	Özel Karakter Yok	GÜVENLİ DEĞİLDİR.
AHMET123ab	Özel Karakter Yok	GÜVENLİ DEĞİLDİR.
Ahmet123.		GÜVENLİDİR
ŞİFRENİN UZUNLUĞU GÖZ ARDI EDİLMİŞTİR. İLERİKİ KONULARDA DEĞİNECEĞİZ.		

GÜVENLİ ŞİFRENİN ÖNEMİ

2014 yılında Avrupa genelinde yapılan bir araştırmaya göre, tüm Dünyanın ve Avrupa'nın kişisel ya da sosyal hesaplarında ne kadar kolay şifreler kullandığı açıkça ortaya çıkartılmıştır. Dünya genelinde kullanılan ve ele geçirilmesi çok kolay olan şifrelerin en başında aşağıdaki şifreler bulunmaktadır.

- `12345, 12345678, qwerty, 1234567890, 1234`

Günümüzde hemen hemen her bireyin internet üzerinde bir sitede ya da sistemde üyeliği bulunmaktadır. Sosyal medyanın hayatımızın her anında olduğunu düşünürsek; hesaplarımızın güvenliği için şifrelerin güçlü ve güvenli olması oldukça önemlidir.

Şifreniz; karışık olmadığı ve sadece harf ya da rakamlardan oluştuğu sürece, ne kadar uzun bir şifre olursa olsun yine de güvensiz bir şifre olacaktır. Açıkçası, bütün numaraları kullanarak ya da basit bir isim kullanarak şifre oluşturmak hesabınızın ele geçirilmesine davetiye çıkarmanız anlamına gelir. Güçlü bir şifre oluşturabilmek için; harf, rakam ve alt-üst karakter (“”, “*”, “?”, “!” gibi) kullanarak şifre oluşturmanız gerekir. Ancak karmaşık ve uzun şifreleri akılda tutmak elbetteki kolay değildir. Bu nedenle şifrelerinizi güvenle saklayabileceğiniz ve dilediğiniz zaman karmaşık ve zor şifreler oluşturabileceğiniz bir program kullanmanız yararlı olacaktır.

İÇ İÇE FOR DÖNGÜSÜ KULLANIMI (ÇARPIM TABLOSU)

Bazen döngülerin iç içe kullanılması gerekebilir. Bunun en güzel örneklerinden birisi çarpım tablosu örneğidir. **0**'dan **9**'a kadar olan sayıların yine 0'dan 9'a kadar olan diğer sayılarla çarpılması işleminin yapılması için **iç içe döngü** kullanmak gerekir.

forcapımtablosu.py - C:/Users/sugokhan/Desktop/giftedcoder/kitap/python_kitap/6_döngüler/program/forcapımtablosu.py (3.6.5)

File Edit Format Run Options Window Help

```
import turtle               #turtle modülünü import ettik
turtle.shape("turtle") #kaplumbağa şeklini kullan

for a in range(10):          #çarpım tablosunun ilk elemanı
    for b in range(10): #çarpım tablosunun ikinci elemanı
        turtle.penup()  #kalemi kaldır
        turtle.goto(-300+a*50,-100+b*30) #belirtilen pozisyona git
        turtle.pendown()  #kalemi bastır
        #çarpma işlemini belirtilen noktaya yaz 2X5=10 gibi.
        turtle.write(str(a)+" x "+str(b)+"="+str(a*b))
```

Burada yeni gördüğümüz bir komut var. `Turtle.goto` komutu **x** ve **y** koordinat sistemiyle kendisine söylenen noktaya gider. Peki, `turtle` nasıl bir koordinat düzlemine sahiptir.

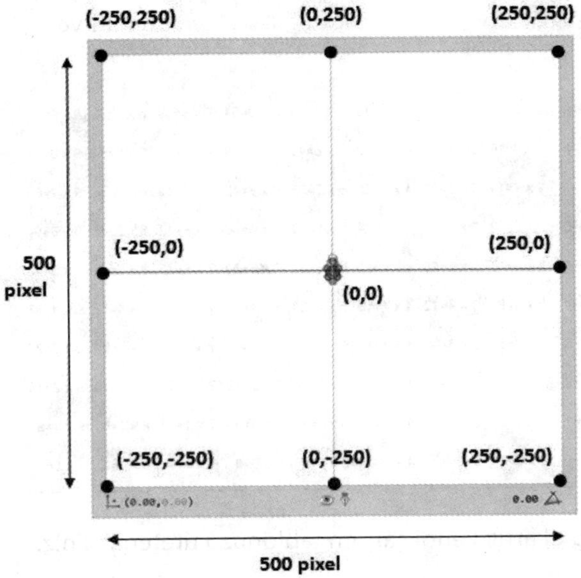

- Merkez noktasının adresi 0,0 noktasıdır.
- Sağa doğru ilerledikçe x değeri artmaktadır. En fazla 250 olabilir.
- Sola doğru ilerledikçe x değeri azalmaktadır. En fazla -250 olabilir.
- Yukarı doğru çıktıkça y değeri artmaktadır. En fazla 250 olabilir.
- Aşağı doğru indikçe y değeri azalmaktadır. En fazla -250 olabilir.
- Yan ekrandaki koordinat sistemi size yön gösterecektir.

Oluşacak Turtle Çıktısı:

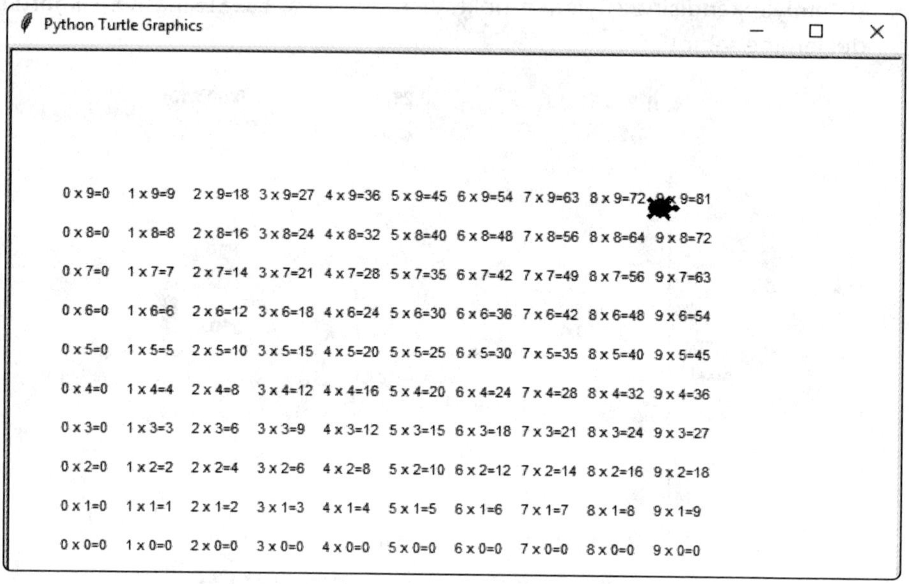

Gördüğünüz gibi artık kendi çarpım tablonuzu üretebilirsiniz.

7

KARAKTER DİZİLERİ

Buraya gelene kadar Python programlama diline ilişkin epey bilgi edindik. Artık yazdığımız programlarda `input()` fonksiyonu sayesinde kullanıcıyla iletişim kurabiliyor; `if`, `elif`, `else` deyimleri yardımıyla programlarımızın karar vermesini sağlayabiliyor; işleçler ve döngüler yoluyla programlarımızı istediğimiz sayıda çalıştırabiliyoruz. Eğer buraya kadar olan bölümleri dikkatlice takip ettiyseniz, şu ana kadar öğrendiklerinize dayanarak, Python'ı giriş düzeyinde bildiğinizi söyleyebiliriz.

Buraya kadar öğrendiğimiz bilgiler Python programlama dilinin temellerini oluşturuyordu. Temel Python bilgilerini edindiğimize göre artık **başlangıç-orta** düzey arası konuları incelemeye başlayabileceğiz. Bu bölümde, önceki derslerde üzerinden geçtiğimiz bir konu olan karakter dizilerini çok daha derinlemesine ele alacağız. Python programlama dili içindeki önemi nedeniyle bu bölüm uzun olacak.

Aslında biz karakter dizisi kavramının ne olduğunu biliyoruz. Çok kaba bir şekilde ifade etmek gerekirse karakter dizileri, adından da anlaşılacağı gibi karakterlerin bir araya gelmesiyle oluşan bir dizidir. Karakter dizileri; çift tırnak içinde gösterilen, öteki veri tiplerinden de bu tırnaklar aracılığıyla ayırt edilen özel bir veri tipidir. Teknik olarak ifade etmek gerekirse; bir nesneyi `type()` fonksiyonu yardımıyla sorguladığımızda, eğer **<class 'str'>** çıktısı alıyorsak, bu nesne bir karakter dizisidir.

Her ne kadar ayrıntılarına girmemiş de olsak; dediğimiz gibi biz karakter dizilerini daha ilk bölümlerden bu yana her fırsatta kullanıyoruz. Dolayısıyla bu veri tipinin ne olduğu konusunda bir sıkıntımız yok. Bu bölümde, şimdiye kadar karakter dizileri ile ilgili öğrendiğimiz şeylere ek olarak karakter dizilerin metotlarından da söz edeceğiz. Peki, bu "metot" denen şey de ne oluyor?

Kabaca ifade etmek gerekirse metotlar Python'da nesnelerin niteliklerini değiştirmemizi, sorgulamamızı veya bu nesnelere yeni özellikler katmamızı sağlayan araçlardır. Metotlar sayesinde karakter dizilerini istediğimiz gibi kullanabileceğiz.

Karakter Dizileri Nedir?

Karakter dizileri, bir trenin her bir vagonunda bir karakter varmış gibi hayal edebileceğiniz bir yapıdır.

Şöyle ki;

0	1	2	3	4	5	6	7	8
G	Ö	K	H	A	N		S	U

Gördüğünüz gibi aslında adım ve soyadım bir bütün gibi dursalar da aslında adresleri belli birer hücredirler. Bunu Shell'den de görelim.

```
Type "copyright", "credits" or "license()"
>>> ad="GÖKHAN SU"
>>> ad
'GÖKHAN SU'
>>> ad[0]
'G'
>>> ad[1]
'Ö'
>>> ad[2]
'K'
>>> ad[7]
'S'
>>> ad[8]
'U'
>>>
```

Yukarıdan da görüleceği üzere ad değişkeni "`GÖKHAN SU`"dur ve bu değişkenin elemanlarına `ad[0]` yazarak erişilebilmektedir. `String` işlemleri oldukça önemli bir konudur. Python dili bu konuda çok başarılı olup diğer pek çok dilden çok daha iyi performans göstermektedir.

Uygulama Örneği: Annenizin Evlenmeden Önceki Soyadı Nedir?

Telefon ile yapılan bankacılık işlemlerinde güvenlik için mutlaka "**annenizin evlenmeden önceki soyadının 2. ve 3. karakteri nedir?**" şeklinde bir soru sorulur. Tamamen güvenliğimiz için sorulan bu sorunun uygulamasını yapalım. Annemizin evlenmeden önceki soyadının YILMAZ olduğunu farz edelim ve 2. ve 3. karakterini sorgulatalım.

```
annesoyad.py - C:\Users\gokha\OneDrive\Masaüstü\annesoyad.py (3.7.2)
File Edit Format Run Options Window Help
annesoyad="YILMAZ"      #annemizin soyadını YILMAZ olarak belirledik
annesoyadparcasi=annesoyad[1:3]     #"IL" kısmını aldık


#telefondaki kişiden bilgi bekliyoruz
cevap=input("Annenizin evlenmeden önceki soyadının 2. ve 3. harfini giriniz")

#eğer verdiği cevap "IL" ise doğru değilse yanlış olacaktır.
if (cevap==annesoyadparcasi):
    print("Verdiğiniz bilgi doğrudur. Teşekkür ederiz")
else:
    print("Hatalı Cevap")
```

Program Çıktısı:

```
Python 3.7.2 Shell
File Edit Shell Debug Options Window Help
Python 3.7.2 (tags/v3.7.2:9a3ffc0492, Dec 23 2018, 22:20:52) [MSC v.1916 32 bit
(Intel)] on win32
Type "help", "copyright", "credits" or "license()" for more information.
>>>
=========== RESTART: C:\Users\gokha\OneDrive\Masaüstü\annesoyad.py ===========
Annenizin evlenmeden önceki soyadının 2. ve 3. harfini girinizAB
Hatalı Cevap
>>>
=========== RESTART: C:\Users\gokha\OneDrive\Masaüstü\annesoyad.py ===========
Annenizin evlenmeden önceki soyadının 2. ve 3. harfini girinizIL
Verdiğiniz bilgi doğrudur. Teşekkür ederiz
>>> |
```

KARAKTER DİZİLERİNİN ELEMANLARINA ERİŞMEK

Python dilinde karakter dizilerinin elemanlarına erişmek için yukarıdaki gibi bulundukları hücrenin numarasını yazmak gereklidir. Ancak birden fazla karaktere ihtiyacınız var ise bunu nasıl yapacaksınız? Gelin, bunu beraber inceleyelim.

```
Type "copyright", "credits" or "licer
>>> ad="GÖKHAN SU"
>>> ad
'GÖKHAN SU'
>>> ad[0:3]
'GÖK'
>>> ad[1:3]
'ÖK'
>>> ad[7:9]
'SU'
>>> |
```

Yukarıdaki örnekleri inceleyelim;

KOMUT	ÇIKTISI	AÇIKLAMA
ad[0:3]	GÖK	0 Numaralı Elemandan başla 3. Elemana kadar getir (3 dâhil değil)
ad[1:3]	ÖK	1 Numaralı elemandan başla 3. Elemana kadar getir (3 dâhil değil)
ad[7:9]	SU	7 numaralı elemandan başla, 9. Elemana kadar getir. (9 dâhil değil)

SONDAN VE BAŞTAN KARAKTER ALMAK

Sıkça kullanılan bir yöntemdir. Örneklerle inceleyelim.

```
Type "copyright", "credits" or "l
>>> ad="GÖKHAN SU"
>>> ad
'GÖKHAN SU'
>>> ad[:2]
'GÖ'
>>> ad[:6]
'GÖKHAN'
>>> ad[:1]
'G'
>>> ad[6:]
' SU'
>>> ad[7:]
'SU'
>>> |
```

Yukarıdaki örnekleri inceleyelim;

KOMUT	ÇIKTISI	AÇIKLAMA
ad[:2]	GÖ	Baştan başlayarak 2 tane karakter getir
ad[:6]	GÖKHAN	Baştan başlayarak 6 tane karakter getir.
ad[:1]	G	Baştan başlayarak 1 tane karakter getir.
ad[6:]	_SU	6. karakterden itibaren sonuna kadar getir. (_ boşluk karakterini temsil etmektedir.)
ad[7:]	SU	7. karakterden itibaren sonuna kadar getir.

LOWER - UPPER - ISLOWER - ISUPPER FONKSİYONLARI

`Lower` **fonksiyonu**, sonuna geldiği `string`'in küçük harfe dönüşmesini sağlar. `Upper` **fonksiyonu**, sonuna geldiği `string`'in büyük harfe dönüşmesini sağlar. `Islower` **fonksiyonu**, sonuna geldiği `string` küçük harf mi diye sorar ve bizlere `TRUE` ya da `FALSE` şeklinde bir yanıt döner, `TRUE` ise küçük harftir, `FALSE` ise büyük harftir. `Isupper` **fonksiyonu** sonuna geldiği `string` büyük harf mi diye sorar ve bizlere `TRUE` ya da `FALSE` şeklinde bir yanıt döner, `TRUE` ise büyük harftir, `FALSE` ise küçük harftir.

Tüm bu anlattıklarımızı örnekleyelim.

```
Type "copyright", "credits" or "license
>>> takim="galatasaray"
>>> takim
'galatasaray'
>>> takim.upper()
'GALATASARAY'
>>> takim.lower()
'galatasaray'
>>> takim.isupper()
False
>>> takim.islower()
True
>>>
```

CAPITALIZE VE TITLE KOMUTLARI

`Capitalize`, sonuna geldiği cümlenin ilk harfini **büyük harf** yapar. `Title`, sonuna geldiği cümlenin her kelimesinin ilk harfini **büyük harf** yapar.

```
Type "copyright", "credits" or "license()'
>>> cumle="bugün hava çok güzel"
>>> cumle
'bugün hava çok güzel'
>>> cumle.capitalize()
'Bugün hava çok güzel'
>>> cumle.title()
'Bugün Hava Çok Güzel'
>>> |
```

STRINGLERİ BİRLEŞTİRMEK VE PARÇALAMAK

`String`'lerin birleştirilme işlemini aslında daha önce pek çok yerde gördük ama burada üzerinde özellikle durmak istedim. Karakter dizilerini birleştirirken kullanacağımız en kolay operatör "+" **operatörü** olacaktır. "+" operatörü 2 ya da daha fazla `string`'i birleştirir. Ancak birleştirmek istediğimiz şey bir sayı ise bu durumda önce o sayıyı yine bir `string`'e dönüştürmemiz yani `STR` fonksiyonu kullanmamız gerekmektedir.

```
Type "copyright", "credits" or "license()"
>>> "Ahmet "+"Ayşe "+"Cem "
'Ahmet Ayşe Cem '
>>> "Ahmet"+5
Traceback (most recent call last):
  File "<pyshell#1>", line 1, in <module>
    "Ahmet"+5
TypeError: must be str, not int
>>> "Ahmet"+str(5)
'Ahmet5'
>>>
```

Gördüğünüz gibi bir `string` ile bir `integer` ya da `float` türünde bir veriyi toplamak istersek hata alırız. Bu hatanın önüne geçmek için sayıyı, karakter dizisine çevirmek gerekir. Karakter dizilerini parçalamak için ise `SPLIT` komutunu kullanırız. Oldukça kullanışlı olan bu komut şu şekilde kullanılmaktadır.

```
Type "copyright", "credits" or "license()" for
>>> meclis="türkiye büyük millet meclisi"
>>> meclis
'türkiye büyük millet meclisi'
>>> meclis.split()
['türkiye', 'büyük', 'millet', 'meclisi']
>>>
```

`Split` komutu, boşluk karakterlerinin bulunduğu yerlerden ona verdiğimiz cümleyi parçalara ayırdı. Bir bütün olan "`türkiye büyük millet meclisi`" cümlesi 4 parçaya bölündü. Peki biz `split` komutuna BOŞLUK kısımlarından ayırt edemediğimiz hâlde nasıl anladı? Cevabı basit, eğer biz ona parametre vermezsek ön tanımlı olarak boşluk karakterlerinden parçalara ayırmaktadır. Şimdiki örneklere bakalım;

```
>>> dogumtarihi="02/11/1982"
>>> dogumtarihi.split("/")
['02', '11', '1982']
>>> okulno="17-155-036"
>>> okulno.split("-")
['17', '155', '036']
>>> |
```

LEN, COUNT VE INDEX FONKSİYONLARI

`Len`, `string`'in harf sayısı konusunda bize bilgi verir. Uzunluğunu söyler. **Index**, aranan harf ya da harflerin, metin içinde kaçıncı sırada olduğu bilgisini verir. Eğer yoksa hata verir. `Count`, aranan harf ya da harflerin, metin içinde kaç adet olduğunu söyler. Eğer hiç yoksa 0 bilgisi verir.

Bunları örnekleyelim;

```
>>> ad="GÖKHAN SU"
>>> len(ad)
9
>>> ad.index("A")
4
>>> ad.index("Z")
Traceback (most recent call last):
  File "<pyshell#3>", line 1, in <module>
    ad.index("Z")
ValueError: substring not found
>>> ad.count("A")
1
>>> ad.count("Z")
0
>>> |
```

ISALPHA, ISALNUM, ISNUMERIC FONKSİYONLARI

`Isalpha` fonksiyonu, `string` içindeki her bir karakterin alfabetik harf olup olmadığını sorgulayan bir fonksiyondur. Eğer tüm karakterler alfabetik ise `TRUE`, değilse `FALSE` yanıtı verecektir.

```
Type "copyright", "credits" or "license()"
>>> "gökhan su".isalpha()
False
>>> "gökhan".isalpha()
True
>>> "gokhan5".isalpha()
False
>>> "gokhan?".isalpha()
False
>>>
```

Isnumeric fonksiyonu, **string** içindeki her bir karakterin rakam olup olmadığını sorgulayan bir fonksiyondur. Eğer tüm karakterler rakam ise **TRUE**, değilse **FALSE** yanıtı verecektir.

```
>>> "13".isnumeric()
True
>>> "13a".isnumeric()
False
>>> "13-".isnumeric()
False
>>>
```

Isalnum fonksiyonunu şöyle açıklamak mümkündür; Alfabetik karakter dizileri, alfabe harflerinden oluşan karakter dizileridir. Sayısal karakter dizileri, sayılardan oluşan karakter dizileridir. Alfanümerik karakter dizileri ise bunun birleşimidir. Yani sayı ve harflerden oluşan karakter dizilerine alfanümerik karakter dizileri adı verilir.

```
>>> "TK8200".isalnum()
True
>>> "THY".isalnum()
True
>>> "THY%&?".isalnum()
False
>>> "123".isalnum()
True
>>> |
```

Python dilinin karakter dizileri konusunda oldukça gelişmiş olduğunu ifade etmiştik. Yukarıda ifade edilen **isalnum**, **isalpha**, **isnumeric** dışında da sorgulama fonksiyonları vardır. Ancak çok da derinlerde kaybolmamak adına bu kadarının yeterli olduğunu düşünmekteyim.

Örnek Uygulama (THY): Türk Hava Yolları Anonim Ortaklığı, Türkiye'nin bayrak taşıyıcısı olan ulusal hava yolu şirketidir. Dünyada tüm uçakların yapmış olduğu her bir sefer için numara kullanılır. Ancak bu numaralar birbirlerine karışmasın diye numaraların başına 2 hane de havayolu şirketinin kısaltması konur.

Örneğin: **TK2335, TK**=Türk Hava Yollarının kısaltması, 2335 ise sefer sayısıdır.

Şimdi, sizinle sefer sayı doğrulama konusunda ufak bir program yazalım

Kurallar;

- İlk 2 hanesi alfabetik olacak.
- Son 4 hanesi numerik olacak.
- Toplam 6 karakter uzunluğunda olacak.

sefern.py - C:/Users/sugokhan/Desktop/giftedcoder/kitap/python_kitap/7_karakter dizileri/program/sefern.py (3.6.5)

File Edit Format Run Options Window Help

```
#sefer numarası değişkeni tanımlanıyor
#kullanıcıdan sefer no bilgisi isteniyor
seferno=input("Sefer numaranızı giriniz")

sirket=seferno[:2]          #baştan 2. karaktere kadar getir.
sefersayi=seferno[3:]       #3. karakterden sonuna kadar getir.
uzunluk=len(seferno)        #uzunluk bilgisini al

if (sirket.isalpha() and sefersayi.isnumeric() and uzunluk==6):
    print("Sefer No Doğru")
else:
    print("Hatalı Sefer No")
```

Oluşacak Çıktı:

GİRİLEN KOD	HATA NEDENİ	DURUM
TK2355	Yok	KABUL
T123	Uzunluk Hatalı İlk 2 karakter alfabetik değil	RED
TK123*	Son 4 karakter numerik değil	RED
1234TK	İlk iki karakter alfabetik değil Son dört karakter numerik değil	RED

```
 RESTART: C:/Users/sugokhan/Desktop/gifted‹
zileri/program/sefern.py
Sefer numaranızı girinizTK2355
Sefer No Doğru
>>>
 RESTART: C:/Users/sugokhan/Desktop/gifted‹
zileri/program/sefern.py
Sefer numaranızı girinizT123
Hatalı Sefer No
>>>
 RESTART: C:/Users/sugokhan/Desktop/gifted‹
zileri/program/sefern.py
Sefer numaranızı girinizTK123*
Hatalı Sefer No
>>>
 RESTART: C:/Users/sugokhan/Desktop/gifted‹
zileri/program/sefern.py
Sefer numaranızı giriniz1234TK
Hatalı Sefer No
>>> |
```

Startswith ve Endswith Fonksiyonları

Startswith fonksiyonu, bir **string**'in, belirtilen harf ya da harflerle başlayıp başlamadığı konusunda bize bilgi verir. Eğer başlıyorsa **TRUE**, başlamıyorsa **FALSE** bilgisi verir.

Endsswith fonksiyonu, bir **string**'in, belirtilen harf ya da harflerle bitip bitmediği konusunda bize bilgi verir. Eğer bitiyorsa **TRUE**, bitmiyorsa **FALSE** bilgisi verir.

```
Type "copyright", "credits" or "license()"
>>> "GOKHAN".startswith("G")
True
>>> "GOKHAN".startswith("Z")
False
>>> "GOKHAN".endswith("N")
True
>>> "GOKHAN".endswith("Z")
False
>>> |
```

Örnek Uygulama: Türkiyedeki Üniversitelerin Web Sitesi Adresleri

Bildiğiniz üzere dünyadaki tüm web siteleri "**www**" ile başlar. Her web sitesinin kurulma amacına göre uzantıları olur. Örneğin; devlete ait sitelerin uzantısı "**.gov**", askeriyeye ait sitelerin uzantısı "**.mil**" dir. Bunun yanı sıra her ülkenin de kodu vardır. Türkiye'nin kodu "**.tr**" iken Almanya'nınki "**.de**" dir.

Bu durumda Türkiye'deki bir üniversitenin web adresi şu şekilde olmaktadır.

www.odtu.edu.tr

www.mersin.edu.tr

Şimdi bir test programı yazalım.

Kurallar:

- Adres, "www" ile başlamalıdır.
- Adres, "edu.tr" ile bitmelidir.
- İçinde en az 3 adet nokta (".")olmalıdır.

üniversite.py - C:/Users/sugokhan/Desktop/giftedcoder/kitap/python_kitap/7_karakter dizileri/program/üniversite.py (3.6.5)

File Edit Format Run Options Window Help

```
#adres değişkeni kullanıcının gireceği web adresini saklar
adres=input("Lütfen üniversitenizin web adresini giriniz")

#web adresindeki nokta sayısını al
noktasayisi=adres.count(".")

if (adres.startswith("www") and adres.endswith("edu.tr") and noktasayisi>=3):
    print("Adres Doğrudur")
else:
    print("Adres Yanlıştır")
```

Olası Çıktılar:

```
 RESTART: C:/Users/sugokhan/Desktop/giftedcoder/kitap/python_kita
zileri/program/üniversite.py
Lütfen üniversitenizin web adresini girinizwww.mersin.edu.tr
Adres Doğrudur
>>>
 RESTART: C:/Users/sugokhan/Desktop/giftedcoder/kitap/python_kita
zileri/program/üniversite.py
Lütfen üniversitenizin web adresini girinizwwwmersinedu.tr
Adres Yanlıştır
>>>
 RESTART: C:/Users/sugokhan/Desktop/giftedcoder/kitap/python_kita
zileri/program/üniversite.py
Lütfen üniversitenizin web adresini girinizwww.mersin.edu.de
Adres Yanlıştır
>>> |
```

ÖRNEK UYGULAMA: TC KİMLİK NUMARASI DOĞRULAMA

T.C. Kimlik No, on bir *(11)* haneden oluşan, Nüfus ve Vatandaşlık İşleri Genel Müdürlüğü tarafından Türkiye vatandaşlarına verilmiş 11 rakamdan oluşan kişiye özgü bir sayıdır. Üzerinde basit bir pariteyle hata bulma özelliği bulunmaktadır; ilk 10 rakamın toplamının birler basamağı, 11. rakamı vermektedir.

Kurallar;

- Uzunluk, 11 hane olmalıdır.
- İlk 10 rakamın toplamının birinci basamağı, son rakama eşit olmalıdır. *(Örneğin, 12345678905 gibi)*

tc.py - C:\Users\sugokhan\Desktop\giftedcoder\kitap\python_kitap\7_karakter dizileri\program\tc.py (3.6.5)

File Edit Format Run Options Window Help

```
tcno=input("Lütfen tc kimlik numaranızı giriniz")

uzunluk=len(tcno)     #11 hane olup olmadığını anlamak için
ilkonrakam=tcno[:10]   #ilk 10 karakteri alıyoruz
sonrakam=tcno[10]      #11. karakteri alıyoruz
toplam=0              #ilk 10 karakterin toplamı için

if (uzunluk!=11):
    print("HATA:11 tane rakamdan oluşmalı")
else:
    for rakam in ilkonrakam:
        toplam=toplam+int(rakam)  #integere dönüştürüyoruz

    #döngü bitti
    toplam=str(toplam)            #stringe dönüştürüyoruz

    #toplamın son basamağı,sonrakama eşit mi?
    if (toplam[-1]==sonrakam):
        print("GEÇERLİ TC NO")
    else:
        print("GEÇERSİZ TC NO")
```

Olası Çıktı:

```
 RESTART: C:\Users\sugokhan\Desktop\giftedcoder\k
zileri\program\tc.py
Lütfen tc kimlik numaranızı giriniz12345678900
GEÇERSİZ TC NO
>>>
 RESTART: C:\Users\sugokhan\Desktop\giftedcoder\k
zileri\program\tc.py
Lütfen tc kimlik numaranızı giriniz12345678905
GEÇERLİ TC NO
>>>
```

LİSTELER

8

Python dilinde birden çok veriyi belli bir küme içinde barındırmak istiyorsak, bugüne kadar öğrenmiş olduğumuz `int`, `float` ya da `string` gibi veri tipleri bizim için yeterli olmayacaktır. Python'da bunun için liste kullanılmaktadır.

Sınıfınızdaki öğrenciler, sevdiğiniz meyveler, aile üyeleriniz, alışveriş listeniz, sorumlu olduğunuz dersler birer kümedir ve kümeler Python'da liste olarak ifade edilir. Aslına bakarsanız, karakter dizileri ve listeler kullanım ve mantık olarak birbirlerine benzerler. Karakter dizilerinde her hücrede tek bir karakter varken listelerde her hücrede tam sayı, kelime, cümle ve noktalı sayı gibi veri tipleri olabilir.

KARAKTER DİZİLERİ ÖRNEĞİ								
0	1	2	3	4	5	6	7	8
G	Ö	K	H	A	N		S	U

LİSTE ÖRNEĞİ								
0	1	2	3	4	5	6	7	8
Gökhan	su	35	Mersin	1.79	Evli	Bilgisayar Mühendisi	GS	İngilizce

Karakter dizisinden farklı olarak liste örneğinde her bir hücrede farklı veri tiplerinden ifadeler yer alabilir. Örnekte de gördüğünüz gibi ilk yani 0. hücreye adımı yazdım, 2. hücreye yaşımı, 4. hücreye boyumu yazdım. Dikkat ederseniz her birinin veri tipi birbirinden **farklı** ancak hepsi **tek bir listede** yer alabilir.

Liste Tanımlayalım

Liste tanımlamak için "[ ]" işaretlerini kullanırız. Boş bir liste nasıl tanımlanır görelim.

```
Type "copyright", "credits" or "license()'
>>> listem=[]
>>> listem
[]
>>> len(listem)
0
>>> type(listem)
<class 'list'>
>>> |
```

Listem adında boş bir liste oluşturduk. Boş olduğunu anlamak için daha önce öğrendiğimiz `LEN` komutunu kullandık. Boş olduğu için `0` değerini verdi. Bir değişkenin tipinin ne olduğunu öğrenmek için kullandığımız fonksiyon olan `TYPE` fonksiyonu ile listem'i kontrol ettiğimde `LIST` olduğunu görüyorum.

LİSTELERİN ELEMANLARINA ERİŞELİM

Yukarıda kendim ile ilgili olarak verdiğim bilgiler, bir liste oluşturmak için kullanılabilir. Şimdi bir liste tanımlayalım ve elemanlarına erişelim.

```
Type "copyright", "credits" or "license()" for more
>>> listem=["Gökhan","SU",35,"Mersin",1.79,"Evli"]
>>> listem
['Gökhan', 'SU', 35, 'Mersin', 1.79, 'Evli']
>>> listem[0]
'Gökhan'
>>> listem[2]
35
>>> listem[4]
1.79
>>> listem[8]
Traceback (most recent call last):
  File "<pyshell#5>", line 1, in <module>
    listem[8]
IndexError: list index out of range
>>> |
```

Liste tanımlarken dikkat etmemiz gereken bazı konular vardır.

1. Eğer `string` türünde bir değer giriyorsanız **çift tırnak** içinde giriniz. Örneğin: "`Gökhan`".
2. Eğer `int` türünde bir değer giriyorsanız **tırnak kullanmayın**. Örneğin: `35`.
3. Eğer `float` türünde bir değer giriyorsanız **tırnak kullanmayın**. Örneğin: `1.79`.

Dikkat ederseniz listemizde 8 numaralı eleman yok. Bu nedenle hata verdi. Hatanın açıklaması şudur. Toplam 6 hücreden oluşan listende, 0 ile 5 arasında bir index yazarsan sana istediğin bilgiyi veririm. Ancak listede olmayan bir şey istedin.

LİSTELERİN ELEMANLARINI DEĞİŞTİRELİM

Liste elemanlarını değiştirmek oldukça kolaydır. Liste hangi elemanını kastettiğimizi seçip yeni değerini ona atarız. Olmaz ama bu yaştan sonra boyumun uzadığını farz edelim. Hatta bir de yaşadığım şehri değiştirelim.

```
>>> listem=["Gökhan","SU",1.79,"Mersin"]
>>> listem
['Gökhan', 'SU', 1.79, 'Mersin']
>>> listem[2]
1.79
>>> listem[2]=1.90
>>> listem[2]
1.9
>>> listem[3]
'Mersin'
>>> listem[3]="İzmir"
>>> listem[3]
'İzmir'
>>> listem
['Gökhan', 'SU', 1.9, 'İzmir']
>>> |
```

Listemin elemanlarına erişmek ne kadar kolaysa, elemanları değiştirmek de o kadar kolaydır. Gördüğünüz gibi 2 ve 3 numaralı elemanları değiştirdim. Yeni oluşan listem de 1.90 boyunda ve İzmir'de yaşadığımı ifade eden bilgiler ekledim.

LİSTELERDE IN KOMUTU KULLANIMI

Bildiğimiz programlama dillerinden oluşan bir liste oluşturalım ve bu liste içerisinde sorgulama yapalım. *Peki, bunu nasıl başarabiliriz.* Elbette en kolay yolu "`IN`" komutu ile sorgulamaktır.

```
Type "copyright", "credits" or "license()" for ı
>>> bildigimdiller=["Python","PHP","C","JAVA"]
>>> "JAVA" in bildigimdiller
True
>>> "BASİC" in bildigimdiller
False
>>> |
```

For Döngüsü İle Liste Elemanlarında Gezinelim

`For` döngüsü ile listemizin elemanları arasında gezebiliriz. `For` döngüsü şu mantıkla çalışır;

DÖNGÜNÜN ÇALIŞMASI	ELEMAN
0.	PYTHON
1.	PHP
2.	C
3.	JAVA

bildigimdiller.py - C:/Users/sugokhan/Desktop/giftedcoder/kitap/python_kitap/8_listeler/program/bil

File Edit Format Run Options Window Help

```
#bildiğim dillerin listesini yapalım
bildigimdiller=["PYTHON","PHP","C","JAVA"]

for eleman in bildigimdiller:
    print(eleman)
```

OLASI ÇIKTI:

```
 RESTART: C:/Users/sugokhan/Desktop
ogram/bildigimdiller.py
PYTHON
PHP
C
JAVA
>>>
```

Listelerin Fonksiyonları

Listeler üzerinde pek çok fonksiyon vardır. Biz bazılarını kullanacağız. Liste fonksiyonlarının kullanımını kabuk üzerinden göreceğiz.

Listenin Sonuna Eleman Eklemek

`Append()` fonksiyonu listenin sonuna eleman eklememizi sağlar. **Append** kelimesinin Türkçe karşılığı sonuna ilave etmek, iliştirmektir.

```
Type "copyright", "credits" or "license()"
>>> meyveler=["elma","armut"]
>>> meyveler.append("muz")
>>> meyveler
['elma', 'armut', 'muz']
```

Listenin Belli Bir Konumuna Eleman Eklemek

`Append()` fonksiyonu listenin sonuna eleman eklemektedir. Ancak her zaman sona eleman eklemek istemeyebiliriz. Bazen araya da ya da en başa da eleman eklememiz gerekebilir. Örneğin, okulda bir sıralama var ve okul birincisi ya da ikincisi değişti. Bu durumda listenin başına ya 2. sırasına **eleman eklemeniz** gerekir. *Peki, bunu nasıl yapıyoruz.*

```
>>> basari=["Ahmet","Cemil","Mert"]
>>> basari.insert(0,"Gökhan")
>>> basari
['Gökhan', 'Ahmet', 'Cemil', 'Mert']
```

Yukarıda da gördüğünüz üzere, 0 numaralı elemanın yerine "`GÖKHAN`" ismi geldi ve diğer elemanlar birer sıra kaydılar ve eleman sayısı 4 oldu.

Aynı şekilde 1. sıraya eleman eklersek diğer elemanlar birer sıra kayarlar ve 1 numaraya eklediğimiz eleman girer.

```
>>> lig=["Galatasaray","Fenerbahçe","Beşiktaş"]
>>> lig.insert(1,"Trabzonspor")
>>> lig
['Galatasaray', 'Trabzonspor', 'Fenerbahçe', 'Beşiktaş']
>>>
```

Listeden Eleman Çıkarmak (Pop Fonksiyonu İle)

Listeden eleman çıkarmak için kullanılan fonksiyonun adı `pop()` **fonksiyonudur**. İki şekilde çalışır;

- Eğer parametre yani hangi sıradaki elemanın silinmesini istediğimizi söylemezsek, sonuncu elemanı siler ve ekrana yazar.
- Eğer parametre verirsek o sıradaki elemanı siler ve ekrana basar.

Parametresiz Kullanım

En sondaki eleman listeden çıkarılmış ve ekrana yazılmıştır.

Parametreli Kullanım

2 numaralı elemanın listeden çıkarılması için pop fonksiyonuna 2 parametresi verdik, böylece listeden **MUZ** çıktı.

```
Type "copyright", "credits" or "license()" for more in:
>>> meyveler=["elma","armut","muz","kiraz","portakal"]
>>> meyveler.pop()
'portakal'
>>> meyveler
['elma', 'armut', 'muz', 'kiraz']
>>> |
```

Listeden Eleman Çıkarmak (Remove Fonksiyonu İle)

`Remove()` fonksiyonu da tıpkı `pop()` fonksiyonu gibi listeden eleman çıkarmak için kullanılır. Ancak temel bir fark vardır aralarında;

- Pop fonksiyonu eleman çıkarmak için index *(kaçıncı sırada olduğu)* bilgisine ihtiyaç duyar.
- `Remove` fonksiyonu ise elemanın değerine ihtiyaç duyar.

```
>>> meyveler=["elma","armut","muz","kiraz"]
>>> meyveler.remove("muz")
>>> meyveler
['elma', 'armut', 'kiraz']
>>>
```

Bir Elemanın Nerede Olduğunu Bulmak

Listelerde bir elemanın nerede olduğunu bulmak için kullanılan fonksiyon, `index()` fonksiyonudur. Eğer aranan eleman bulunduysa index numarası döner, ancak eğer bulunamazsa o zaman **hata verecektir**.

```
>>> meyveler
['elma', 'armut', 'kiraz']
>>> meyveler=["elma","armuz","muz","kiraz"]
>>> meyveler.index("muz")
2
>>> meyveler.index("portakal")
Traceback (most recent call last):
  File "<pyshell#10>", line 1, in <module>
    meyveler.index("portakal")
ValueError: 'portakal' is not in list
>>> |
```

Bir Elemandan Kaç Tane Olduğunu Bulmak

Kullandığınız listede bir elemandan kaç adet olduğunu bulmak hatta bulunup bulunmadığını anlamak için en kolay yol, `count()` fonksiyonudur.

Diyelim ki sınıfınızın listesini oluşturduk. Sınıfınızdaki isimler sırasıyla şöyle olsun: Ali, Ahmet, Ayşe, Duygu, Eda, Ali. *Şimdi, bakalım hangi elemandan kaç adet var? Nasıl bulacağız?*

```
>>> listem=["Ali","Ahmet","Ayşe","Duygu","Eda","Ali"]
>>> listem.count("Ali")
2
>>> listem.count("Eda")
1
>>> listem.count("Gökhan")
0
>>>
```

Listelerin Elemanlarını Sıralamak

Listelerin kendi içindeki elemanları sıralamak için `sort()` fonksiyonu kullanılır. Ancak burada dikkat edilmesi gereken bir konu vardır. Ancak aynı tipten elemanlardan oluşuyorsa liste, işte o zaman **sıralama komutu** kullanılabilir.

```
>>> numara=[0,5,6,4,9]
>>> numara.sort()
>>> numara
[0, 4, 5, 6, 9]
```

Yukarıdaki örnekte gördüğünüz üzere, tamamı `integer` olan elemanlardan oluşan listemiz sıralanabilmiştir.

```
>>> isimler=["zehra","ayşe","murat","cemil"]
>>> isimler.sort()
>>> isimler
['ayşe', 'cemil', 'murat', 'zehra']
>>>
```

Yine tamamı `string`'lerden oluşan listemizde sıralama yapılmıştır. *Acaba farklı tiplerde veri barındıran listelerde sıralama yapılabilir mi?*

```
>>> listem=["zehra","ayşe",23,35]
>>> listem.sort()
Traceback (most recent call last):
  File "<pyshell#16>", line 1, in <module>
    listem.sort()
TypeError: '<' not supported between instances of 'int' and 'str'
```

LİSTELERİ TEMİZLEMEK

Listeleri temizlemenin iki yolu vardır. Bunlardan bir tanesi `clear()` fonksiyonudur.

```
>>> isimler=["zehra","ali","eda"]
>>> isimler.clear()
>>> isimler
[]
```

Listelerin temizlenmesi için en kolay yol ise aşağıdakidir.

```
>>> isimler=["zehra","ali","eda"]
>>> isimler=[]
>>> isimler
[]
```

ÖRNEK UYGULAMA: QUIZ'DEN KAÇ ALDIM?

Korkmayın, Quiz yapmıyoruz. Yapılan quiz'ler için bir hesaplama programı yapıyoruz.

Diyelim ki bir dönemde 10 adet quiz yapılıyor. Kullanıcıdan 10 adet quiz'den hangi notları aldığı bilgisini listede depolayalım. Ve tamamı girildikten sonra, en düşük notunu, en yüksek notunu ve quiz ortalamasını kullanıcıya bilgi olarak sunalım.

quizhesaplama.py - C:/Users/sugokhan/Desktop/giftedcoder/kitap/python_kitap/8_listeler/program/quizhesaplama.py (3.6.5)

File Edit Format Run Options Window Help

```
quiznotlarim=[]          #tüm notları tutacak liste

sayac=1                  #kaç adet not girildiği için
toplam=0                 #girilen notları toplamak için
ortalama=0               #ortalama bilgisini tutmak için
while (sayac<=10):
    #kullanıcıdan quiz notunu girmesini istiyoruz
    notunuz=int(input("quiz notunu giriniz"))
    #girdiği quiz notunu listeye ekliyoruz
    quiznotlarim.append(notunuz)
    #girilen quiz notunu toplama ekliyoruz
    toplam=toplam+notunuz
    #sayacı bir arttırıyoruz
    sayac=sayac+1

#döngü bitti
#quiz notlarını küçükten büyüğe sıralıyoruz
quiznotlarim.sort()
#0 numaralı eleman en küçük notu gösterir
print("En düşük notunuz",quiznotlarim[0])
#-1 numaralı eleman en son elemanı yani en büyüğü gösterir
print("En yükseknotunuz",quiznotlarim[-1])
#ortalama hesaplıyoruz ve tam sayıya dönüştürüyoruz
ortalama=int(toplam/sayac)
#ortalamayı yazdırıyoruz
print("Quiz ortalamanız",ortalama)
```

Oluşabilecek Ekran Çıktısı:

```
 RESTART: C:/Users/sugokhan/Des
ogram/quizhesaplama.py
quiz notunu giriniz90
quiz notunu giriniz80
quiz notunu giriniz10
quiz notunu giriniz20
quiz notunu giriniz60
quiz notunu giriniz100
quiz notunu giriniz5
quiz notunu giriniz50
quiz notunu giriniz40
quiz notunu giriniz80
En düşük notunuz 5
En yükseknotunuz 100
Quiz ortalamanız 48
>>> |
```

ÖRNEK UYGULAMA: RENKLİ RÜZGAR GÜLÜ

Oluşacak Çıktı:

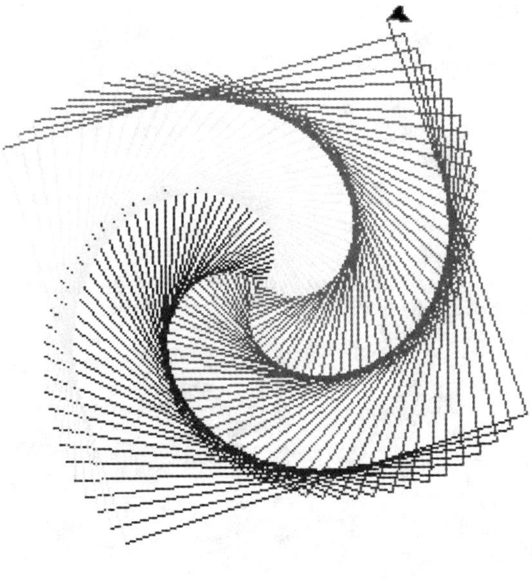

Program Kodları:

renkdöngüsü.py - C:/Users/sugokhan/Desktop/giftedcoder/kitap/python_kitap/8_listeler/program/renkdöngüsü.py (3.6.5)

File Edit Format Run Options Window Help

```
import turtle   #turtle modülünü dahil et
#kullanacağımız renk listesini oluştur
renkler=["red","yellow","blue","green"]
turtle.pensize(1)    #kalem boyutunu 1 yap
turtle.home()        #merkeze (0,0) noktasına git

for x in range(200):
    siradakirenk=x%4 #sıradaki renk no (0,1,2,3)
    #renkler listesinden sırasıyla 0,1,2,3 kullan
    turtle.pencolor(renkler[siradakirenk])
    #x kadar ileri git
    turtle.forward(x)
    #91 derece sola dön
    turtle.left(91)
```

Örnek Uygulama: İsimli Rüzgar Gülü

Oluşacak Çıktı:

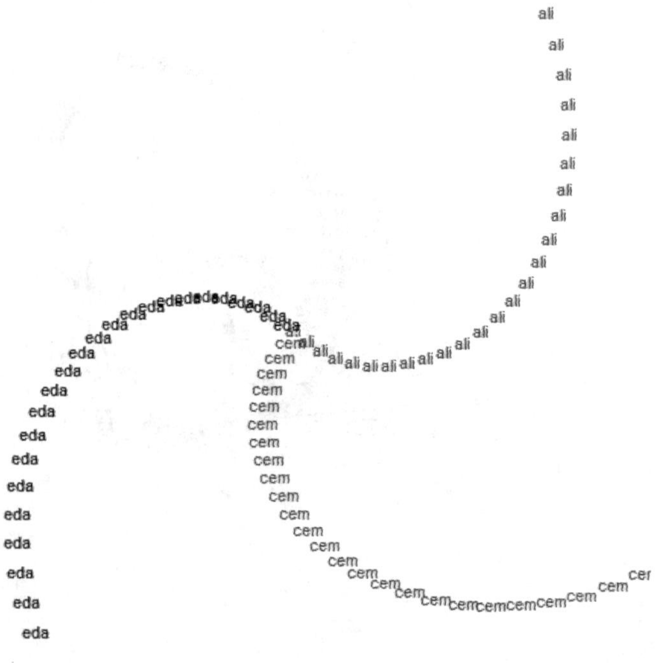

Program Kodları:

isimdöngüsü.py - C:/Users/sugokhan/Desktop/giftedcoder/kitap/python_kitap/8_listeler/program/isimdöngüsü.py (3.6

File Edit Format Run Options Window Help

```
import turtle   #turtle modülünü dahil et
#kullanacağımız renk listesini oluştur
renkler=["red","yellow","blue","green"]
#kullanacağımız isim listesini oluştur
isimler=["ali","ayşe","eda","cem"]
turtle.home()        #merkeze (0,0) noktasına git

for x in range(200):
    siradaki=x%4 #sıradaki 0,1,2,3 değerleri alır.
    #kalemi kaldır
    turtle.penup()
    #kalem rengini sıradaki renk olarak belirle
    turtle.pencolor(renkler[siradaki])
    #x*4 adım git
    turtle.forward(x*4)
    #kalemi bastır
    turtle.pendown()
    #sıradaki ismi yaz
    turtle.write(isimler[siradaki])
    #91 derece dön
    turtle.left(91)
```

DEMET VE SÖZLÜKLER

9

Demet Nedir?

Demet, İngilizce adıyla **tuple**, listelere oldukça benzeyen bir veri tipidir. Ancak listelerden çok önemli bir farkı bulunmaktadır. Demetler, bir kere tanımlandığında bir kere daha değiştirilemezler. *Peki, böyle bir şeye neden ihtiyaç duyarız?* Değiştirilmesini istemediğimiz verileri söz konusu olduğu zaman kullanılır. Pek çok kişinin çalıştığı bir projede değişmesin istediğiniz şeyleri bir `tuple`, yani demet içinde saklarsanız, başka birisi tarafından değiştirilemeyecektir.

Bir başka kullanım alanı da ayar ya da konfigürasyon dosyalarıdır. Diyelim ki kullandığınız programın ayar verilerini demet içinde tuttunuz. Programı çalıştıran herkes aynı ayar verileri ile çalışırlar.

Demet Nasıl Tanımlanır?

Demet ile listenin çok benzer olduğunu söylemiştik, tanımlamaları da oldukça benzerdir. Liste tanımlarken köşeli parantez "`[ ]`" içinde tanımladığımız elemanları, demet tanımlarken normal parantez "**( )**" içinde tanımlarız.

```
Type "copyright", "credits" or "license()"
>>> demet=("Mustafa","Kemal","Atatürk")
>>> demet
('Mustafa', 'Kemal', 'Atatürk')
>>> type(demet)
<class 'tuple'>
>>>
```

Demetin Elemanlarına Erişmek

Demet elemanlarına erişmek aslında liste elemanlarına erişmek ile tamamen aynıdır. Şimdi, bir demet tanımlayalım ve elemanlarına erişelim.

Bir yarışmadan ödül alanları bir demet içinde tutmak istedim. Demet içinde tutma nedenim, değiştirilmemesidir. Tıpkı liste elemanlarına erişir gibi demet elemanlarına da aynı mantıkla erişebilirim. Yine liste elemanları gibi demet elemanları da 0. hücreden başlar ve devam eder.

```
Type "copyright", "credits" or "license()" fo:
>>> odulalanlar=("Gökhan","Haydar","Yavuz")
>>> odulalanlar
('Gökhan', 'Haydar', 'Yavuz')
>>> type(odulalanlar)
<class 'tuple'>
>>> odulalanlar[0]
'Gökhan'
>>> odulalanlar[1]
'Haydar'
>>> odulalanlar[2]
'Yavuz'
>>> |
```

Peki, demet veri tipindeki bir değişkene veri eklemeye çalışırsak ya da değiştirmeye çalışırsak ne olur?

```
>>> odulalanlar.append("test")
Traceback (most recent call last):
  File "<pyshell#6>", line 1, in <module>
    odulalanlar.append("test")
AttributeError: 'tuple' object has no attribute 'append'
>>> odulalanlar[0]="test"
Traceback (most recent call last):
  File "<pyshell#7>", line 1, in <module>
    odulalanlar[0]="test"
TypeError: 'tuple' object does not support item assignment
>>>
```

İlk olarak **append()** fonksiyonu ile eleman eklemek istedim, ancak aldığım hata demet **append** özelliğine sahip değildir, dedi ve eklememe izin vermedi. Ardından ilk elemanı yani 0. elemanı değiştirmek istedim, demet veri tipi atamayı *(değiştirmeyi)* desteklememektedir, diye yanıt aldım ve yine bir değişiklik yapmama müsaade etmedi. *Peki, demetler ile kullanılabilecek hiçbir fonksiyon yok mudur?* **Elbette var...**

`Count()` ve `Index()` fonksiyonları vardır. Listeler konusuna değinirken gördüğümüz için burada örnek yapılmayacaktır.

`Count()`, demet içerisinde bir elemanın kaç kere bulunduğunu söyler, eğer hiç yoksa 0 bilgisi döner.

`Index()`, demet içinde aradığımız kelimenin kaçıncı sırada olduğunu söyler, eğer hiç yoksa hata verir.

ÖRNEK UYGULAMA: TÜBİTAK KAZANANLAR LİSTESİNDE ADIN VAR MI?

Okullarınızda, şehrinizde, bölgenizde ya da ülke içerisinde yapılan pek çok sınav ya da yarışmaya katılırız. Elbette yarışma ya da sınavın heyecanı kadar sonuçları öğrenmek de bir o kadar heyecan vericidir. Gelin bir sorgulama programı yapalım, hem de **demet kullanımı** içinde bir örnek oluşturalım.

ödülalanlar.py - C:/Users/sugokhan/Desktop/giftedcoder/kitap/python_kitap/9_demetvesözlükler/program/ödülalanlar.py (3.6.5)

File Edit Format Run Options Window Help

```
#kazananlar isminde DEMET oluşturduk
kazananlar=("Burak Cantürk","Mustafa Akay","Selim Çelebi")
#kullanıcıdan ismini girmesini istedik
isim=input("Lütfen adınızı yazınız")

#girilen isim, kazananlar demetinde varsa
if (kazananlar.count(isim)==1):
    print("Tebrikler!!! Kazandınız")
else:
    print("Üzgünüm kazanamadınız")
```

Olası Çıktılar:

```
 RESTART: C:/Users/sugokhan/Desktop/giftedcoder
lar.py
Lütfen adınızı yazınızBurak Cantürk
Tebrikler!!! Kazandınız
>>>
 RESTART: C:/Users/sugokhan/Desktop/giftedcoder
lar.py
Lütfen adınızı yazınızGökhan Su
Üzgünüm kazanamadınız
>>> |
```

Örnek Uygulama: İskambil Kartları

İskambil kartlarını sadece oyun için kullanıldığını düşünüyorsanız tamamen yanılıyorsunuz. İskambil kartlarının temel 4 yapı taşı vardır. **Kupa**, **maça**, **sinek** ve **karo**. Bu 4 yapı taşına ait 13 tane kart vardır ve toplamda 52 karta eşittir. Bu 52 kartın hepsinin birbirinden özel anlamı vardır.

Şimdi, sizinle öncelikle şanslı kartımızı çekelim ve ardından şanslı kartımızın ne anlama geldiğini gösteren web sitesine link vererek günümüzü keyiflendirelim.

Program Kodları:

Card (1).py - C:\Users\sugokhan\Downloads\Card (1).py (3.6.5)

File Edit Format Run Options Window Help

```
import random
#iskambi kartlarındaki simgeler demete eklendi
simgeler= ("karo", "kupa", "maca", "sinek")
#iskambil kartlarındaki yüzler demete eklendi
yuzler = ("2", "3", "4", "5", "6","7","8","9","10",
          "joker","kiz", "papaz", "as")
#rastgele bir simge seçildi
simgeniz = random.choice(simgeler)
#rastgele bir yüz seçildi.
yuzunuz = random.choice(yuzler)
#ekrana şanlı kart bilgisi yazıldı
sanslikart=simgeniz+"-"+yuzunuz
print("Şanslı Kartın",sanslikart )
#bakalım şanlı kartın ne diyor. Adresi kopyala ve internet tarayıcına yapıştır.
print("http://sozluk.falderyasi.com/iskambil-kartlari-ve-anlamlari/"+sanslikart)
```

Yukarıdaki kodlar arasında yeni eklediğimiz sadece **`random.choice()`** komutu var. Bu komut hangi liste ya da demet için kullanılırsa rastgele bir eleman getiriyor ve böylece bizi ekstra kod zahmetinden kurtarıyor. Daha önceki bölümlerde bu kodun yerini tutacak başka kodlar da kullanmıştık.

Olası Çıktılar:

```
============== RESTART: C:\Users\sugokhan\Downloads\Card (1).py ======
Şanslı Kartın kupa-4
http://sozluk.falderyasi.com/iskambil-kartlari-ve-anlamlari/kupa-4
>>> |
```

Şanlı kartımın ne olduğu ekrana yazıldı ayrıca bu kartımın ne anlama geldiğini gösteren bir link *(bağlantı)* ekrana geldi. Hadi bu web sitesine gidelim ve kartların dili bugün için ne söylüyormuş bakalım. Tarayıcınızın adres çubuğuna bu bağlantı adresini yazınız.

Peki, **kupa -4** için ne çıkmış bahtıma.

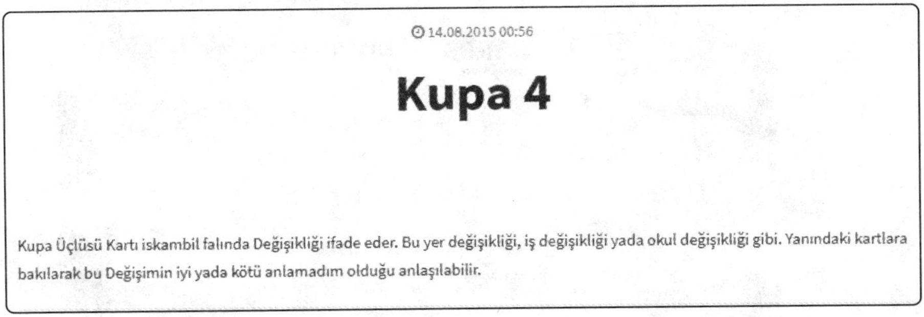

Örnek Uygulama: Taş, Kâğıt, Makas Oyunu

Taş, kâğıt, makas oyunu çocukluğumdan beri oynadığım, kuralları basit, hem de çok eğlenceli bir oyundur, üstelik iki kişilik olması nedeniyle de etkileşimi yüksek bir oyundur. *Acaba bilgisayara karşı bu oyunu oynasak sizce kim kazanır?*

SİZ / BİLGİSAYAR	TAŞ	KAĞIT	MAKAS
TAŞ	BERABERE	BİLGİSAYAR	SİZ
KâĞIT	SİZ	BERABERE	BİLGİSAYAR
MAKAS	BİLGİSAYAR	SİZ	BERABERE

Yukarıdaki tablo size biraz karışık gelmiş olabilir, ancak sanırım aşağıdaki şekil her şeyi açıklayacaktır.

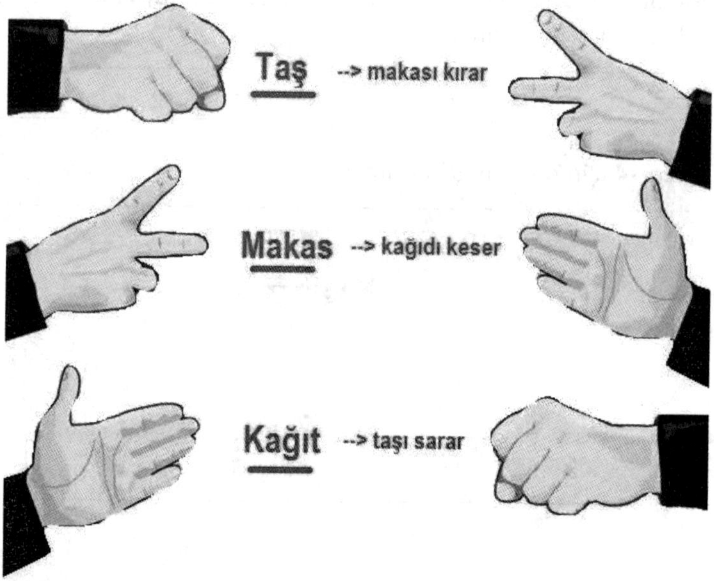

Olası Çıktı:

(Öncelikle program çıktısını görelim)

```
Taş? Kağıt? Makas?(çıkmak için q)kağıt
Sizin Seçiminiz: kağıt Bilgisayarın Seçimi: makas
Bilgisayar Kazandı!
--------------------------------------------------
Taş? Kağıt? Makas?(çıkmak için q)makas
Sizin Seçiminiz: makas Bilgisayarın Seçimi: taş
Bilgisayar Kazandı!
--------------------------------------------------
Taş? Kağıt? Makas?(çıkmak için q)mekes
Sizin Seçiminiz: mekes Bilgisayarın Seçimi: kağıt
Hatalı Giriş...
--------------------------------------------------
Taş? Kağıt? Makas?(çıkmak için q)
```

Program Kodları Ve Açıklamaları:

Rock-Paper-Scissors (2).py - C:\Users\sugokhan\Desktop\Rock-Paper-Scissors (2).py (3.6.5)

File Edit Format Run Options Window Help

```
import random    #random modülünü dahil ediyoruz
#secenekleri oluştururken, demet kullanıyoruz
#çünkü sadece TAŞ,KAĞIT ve MAKAS olabilir.
secenekler = ("taş", "kağıt", "makas")

#Kullanıcıdan tercihini girmesini istiyoruz
#Oyunu bitirmek yani döngüden çıkmak isterse "q"
siz = input("Taş? Kağıt? Makas?(çıkmak için q)")

#sizin tercihiniz "q" olmadığı sürece oyun sürecek
while siz != "q":
    siz = siz.lower()                    #Tümünü küçük harf yap
    bilgisayar = random.choice(secenekler)#bilgisayar rastgele seçim
    #tercihleriniz ekrana yazılıyor.
    print("Sizin Seçiminiz: "+siz+" Bilgisayarın Seçimi: "+bilgisayar)

    if siz == bilgisayar:          #siz ve bilgisayar aynıysa,berabere
        print("Berabere!")
    elif siz == "taş":                           #siz, taş iseniz
        if bilgisayar == "makas":                #ve bilgisayar makas ise,
            print("Siz Kazandınız!")             #siz kazanırsınız
        else:                                    #ya değilse;
            print("Bilgisayar Kazandı!")         #bilgisayar kazanır
    elif siz == "kağıt":                         #siz kağıt iseniz,
        if bilgisayar == "taş":                  #ve bilgisayar taş ise,
            print("Siz Kazandınız!")             #siz kazanırsınız
        else:                                    #peki ya değilse,
            print("Bilgisayar Kazandı!")         #bilgisayar kazanır
```

Öncelikle, kullanıcı yani siz bir tercihte bulunuyorsunuz, ardından da bilgisayar seçenekler arasından bir tercihte bulunuyor. Yukarıda verdiğim ihtimaller tablosuna göre kimin kazandığını buluyor. Eğer aynı şeyler denk geldiyse berabere oluyor bunun dışında ise ihtimaller tablosuna göre hareket ediyor. Ancak eğer kullanıcı "taş", "makas" ya da "kağıt" dışında bir kelime girerse; bu durumda **HATALI GİRİŞ** uyarısında bulunuyor ve yeniden oyun devam ediyor.

Burada ilk kez kullandığımız `lower()` **fonksiyonu** çok işimize yaramaktadır. Şöyle ki; siz yani kullanıcı TAŞ, Taş, TAş, TaŞ, taş da girse tüm bu girdileri "taş" yani tamamını küçük harfe dönüştürüyor ve böylece daha profesyonel ve büyük küçük harf kaynaklı hatalardan bizi koruyor. Keyifli oyunlar.

SÖZLÜKLER

Son veri tipimize geldik. Sözlük veri tipi, İngilizce adıyla **DICTIONARY** veri tipi kullanıldığı yerlerde programımıza daha işlevsel ve verimli kılan bir yapıdır. Sözlük deyince aklıma ne gelir. Aradığımız bir kelimenin, karşılığını bulduğumuz bol sayfalı yardımcı materyaller gelir. Okullarınızda İngilizce dersine mutlaka sözlük kullanmanız istenmiştir. Öncelikle sizinle beraber biz sözlük tanımlayalım ve bu sözlüğün özelliklerine bakalım.

```
Type "copyright", "credits" or "license()"
>>> sozluk={}
>>> sozluk
{}
>>> type(sozluk)
<class 'dict'>
>>> |
```

Boş bir sözlük tanımlamak için kullandığımız noktalama işareti **süslü parantez** *(curly braces)*'dir. Klavyenizde **AltGr** tuşu ile beraber 7 rakamına basarsanız, *(açma)*"**{**" işaretini; AltGr tuşu ile beraber 0 rakamına basarsanız, *(kapama)* "**}**" işaretini elde edersiniz.

Yukarıdaki tanımda da boş bir sözlük oluşturduk, ve tipini kontrol ettiğimizde **DICT** yani **Dictionary** (*Sözlük*) olduğunu gördük.

Şimdi sizinle 5 kelimelik bir Türkçe-İngilizce sözlük tablosu üzerinden `dictionary` veri tipinin çalışma mantığını konuşalım.

TÜRKÇE	İNGİLİZCE
Günaydın	Good Morning
İyi Akşamlar	Good Evening
İyi Geceler	Good Night
Merhaba	Hello
Gel	Come

Gördüğünüz üzere basit bir sözlük tanımladık, Türkçe kelimelerin İngilizce karşılıklarını yazdık.

Bu sözlükte "Günaydın" kelimesi ve altındakiler aranan, "Good Morning" ve altındakiler ise bulunandır. Yani sözlükte sol taraftaki *(Türkçe grubu)* kelimeleri ararım, bulduğum anda karşısında neye denk geldiğine yani ne anlama geldiğine bakarım ve Türkçe bir sözcüğün İngilizce karşılığını öğrenmiş olurum. Sözlük veri tipinin çalışma mantığı da budur.

Key-Value (Anahtar-Değer) Mantığı

Key->Value, Türkçe adıyla **Anahtar->Değer** mantığı yukarıda bahsettiğim sözlük mantığının tamamen aynısıdır. Aradığımız kelimeye yani sol sütuna anahtar *(key)* diyoruz, karşılığında elde ettiğimiz cevaba ise **değer** *(value)* diyoruz.

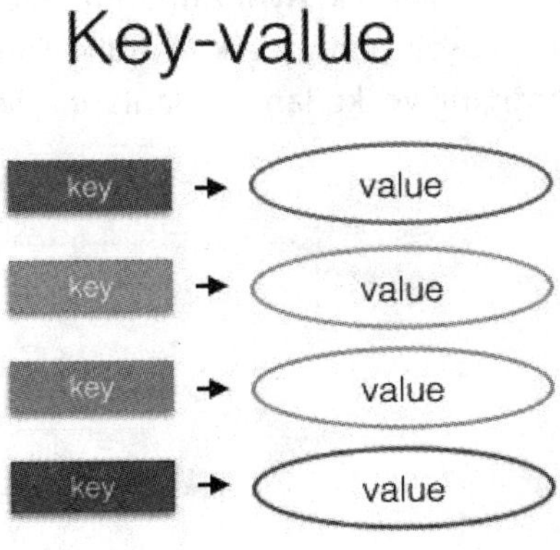

Hadi şimdi Python dilinde yukarıdaki sözlüğü tanımlayalım ve "**Gel**" kelimesinin karşılığını bulmaya çalışalım.

ilksozluk.py - C:/Users/sugokhan/Desktop/giftedcoder/kitap/python_kitap/9_demetvesözlükle

File Edit Format Run Options Window Help

```
#sözlük tanımlıyoruz

sozluk={"Günaydın":"Good Morning",
        "İyi Akşamlar":"Good Evening",
        "İyi Geceler":"Good Night",
        "Merhaba":"Hello",
        "Gel":"Come"}

print(sozluk["Gel"])
```

Yukarıdaki tanımlamaları doğru yaparsanız, aşağıdaki çıktıyı elde edersiniz.

```
 RESTART: C:/Users/sugokhan/Desktop/giftedcoder
ükler/program/ilksozluk.py
Come
```

Sözlük konusu, Python dilinin bize sağladığı harika imkânları barındırır. Ancak tanımlama kısmında pek çok öğrenci hatalar yapar, çünkü yapısı gereği en çok **noktalama işareti** de sözlüklerde kullanılır.

Dikkat ederseniz, yukarıdaki basit bir sözlükte bile süslü parantez, çift tırnak, iki nokta üst üste, virgül kullandık. Aynı zamanda GEL kelimesinin neye karşılık geldiğini bulurken de köşeli parantez kullandık. Tüm bunlar ilk etapta biraz zor görünse de mantığını ve kullanım alanlarını öğrenince size çok keyifli gelecektir.

SIK KARŞILAŞILAN HATALAR

- En baştaki süslü parantezi unutursanız "{" aşağıdaki hatayı alırsınız.

```
sozluk="Günaydın":"Good Morning",
        "İyi Akşamlar":"Good Evening",
        "İyi Geceler":"Good Night",
        "Merhaba":"Hello",
        "Gel":"Come"}
```

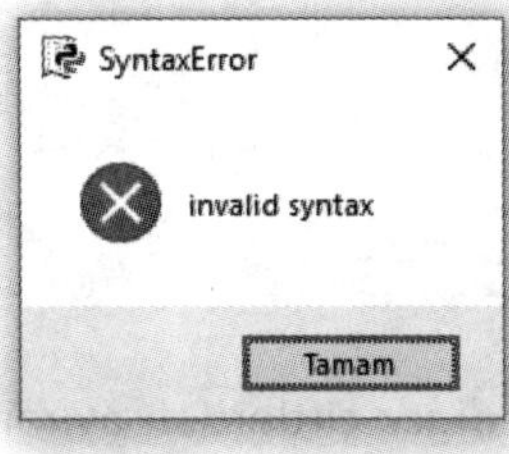

- En sondaki süslü parantezi "}" unutursanız aşağıdaki hatayı alırsınız.

```
sozluk={"Günaydın":"Good Morning",
        "İyi Akşamlar":"Good Evening",
        "İyi Geceler":"Good Night",
        "Merhaba":"Hello",
        "Gel":"Come"
```

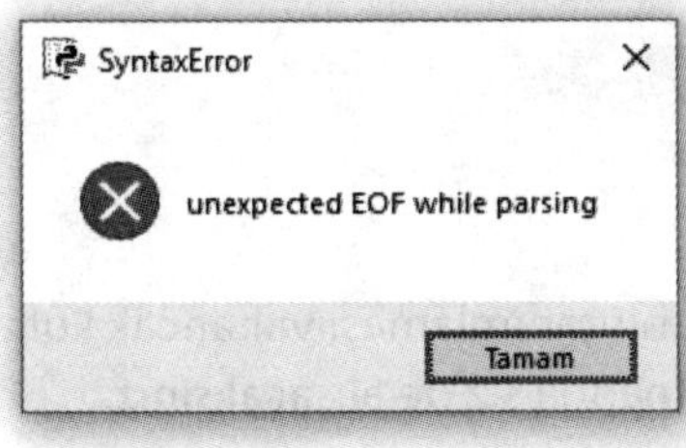

- **Anahtar** *(key)* ve **değer** *(value)* arasındaki iki nokta üst üsteyi "**:**" unutursanız.

```
sozluk={"Günaydın""Good Morning",
        "İyi Akşamlar":"Good Evening",
        "İyi Geceler":"Good Night",
        "Merhaba":"Hello",
        "Gel":"Come"}
```

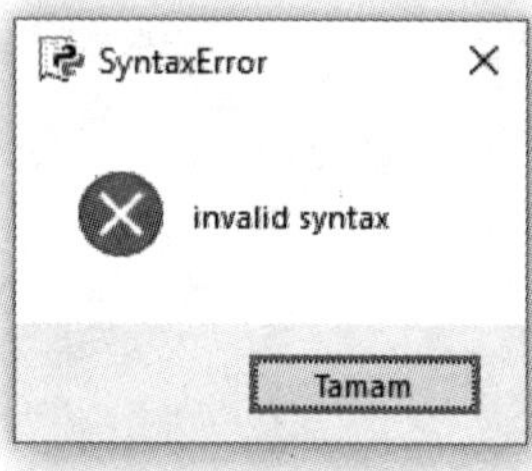

- **Anahtar** ve **değer** çiftlerini, diğer çiftlerden ayıran satır sonundaki virgülü "**,**" unutursanız.

```
sozluk={"Günaydın":"Good Morning"
        "İyi Akşamlar":"Good Evening",
        "İyi Geceler":"Good Night",
        "Merhaba":"Hello",
        "Gel":"Come"}
```

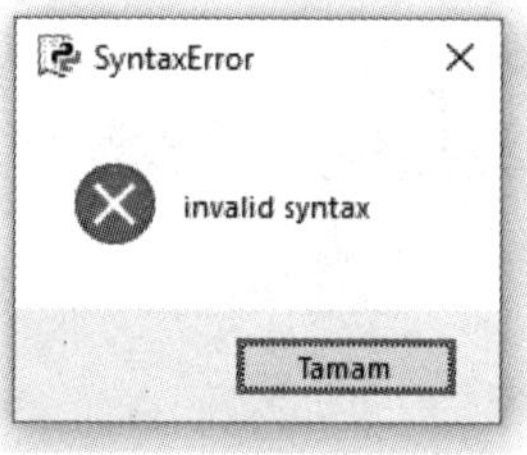

Gördüğünüz gibi hata yapmaya çok müsait bir tanımlaması var ancak kullanım alanı bir o kadar çok olunca eminim kısa zamanda siz de alışacaksınız.

Liste, Demet ve Sözlüklerin Benzerlik ve Farkları

Listeyi tanımlarken köşeli parantez "**[ ]**", demeti tanımlarken normal parantez "**( )**", sözlükleri tanımlarken ise "{ }" süslü parantez kullanmaktayız. Ancak dikkat ederseniz hem liste hem demet hem de sözlüklerde elemanlara erişmek için aynı metodu yani "[ ]" kullanıyoruz. Şöyle ki; `Sozluk["Gel"]` diye tanımladık ve **sozluk** isimli dictionary veri tipindeki sözlükten, **Gel** kelimesinin karşılığı alındı. Ancak sözlük ile ilgili olarak ciddi bir uyarıda bulunmam gerekir. Liste ve Demetlerde index vererek, yani 0. hücreyi getir diyerek eleman çağırırken sözlükte bu **mümkün değildir**. Çünkü sözlük kelime bazlı çalışmaktadır. Daha bilimsel deyimle ANAHTAR bazlı çalışmaktadır. Sayı ile aramak istersek hata alırız.

```
 RESTART: C:/Users/sugokhan/Desktop/giftedcoder/k
ükler/program/ilksozluk.py
Traceback (most recent call last):
  File "C:/Users/sugokhan/Desktop/giftedcoder/kit
ler/program/ilksozluk.py", line 9, in <module>
    print(sozluk[0])
KeyError: 0
```

Sözlüğe Eleman Eklemek ve Değişiklik Yapmak

Sözlüğe yeni eleman eklemek oldukça kolaydır. Tek yapmanız gereken şey, daha önce kullanılmamış bir anahtar ile onun karşılığı olan değeri eşleştirmektir.

```
>>> sozluk={"come":"gel","go":"git"}
>>> sozluk
{'come': 'gel', 'go': 'git'}
>>> sozluk["never"]="asla"
>>> sozluk
{'come': 'gel', 'go': 'git', 'never': 'asla'}
>>> |
```

Peki, daha önce var olan bir anahtarın değerini değiştirmek istersem nasıl olacak? Oldukça basit.

```
>>> sozluk["never"]="Hiç bir zaman"
>>> sozluk
{'come': 'gel', 'go': 'git', 'never': 'Hiç bir zaman'}
>>> |
```

SÖZLÜKTEN ELEMAN SİLMEK

Listelerde kullanmış olduğumuz `pop()` komutu yine burada da kullanılmaktadır. `Pop()`, verilen anahtar kelimeyi bulur, kendisini ve karşısındaki değeri siler ve ekrana yazar.

```
Type "copyright", "credits" or "license()" for more
>>> sozluk={"come":"gel","go":"git","never":"asla"}
>>> sozluk
{'come': 'gel', 'go': 'git', 'never': 'asla'}
>>> sozluk.pop("go")
'git'
>>> sozluk
{'come': 'gel', 'never': 'asla'}
>>> |
```

Gördüğünüz gibi oldukça kolay ve listelerdeki kullanımın tamamen aynısı şeklinde ilerliyor. Ama ciddi bir sorunumuz var. Peki, bizim silmek istediğimiz **ANAHTAR**, sözlük içinde yer almıyorsa ne olacak? Hadi deneyelim.

Eğer sözlükte yer almayan bir anahtarı silmeye çalışırsanız, sonuç aşağıdaki gibi olacaktır. Programınız hata yaptığınız satırda kırılacaktır.

```
>>> sozluk={"come":"gel","go":"git","never":"asla"}
>>> sozluk
{'come': 'gel', 'go': 'git', 'never': 'asla'}
>>> sozluk.pop("test")
Traceback (most recent call last):
  File "<pyshell#6>", line 1, in <module>
    sozluk.pop("test")
KeyError: 'test'
```

Peki, bunu aşmanın bir yolu yok mudur? Elbette var. Görelim.

```
>>> sozluk={"come":"gel","go":"git","never":"asla"}
>>> sozluk
{'come': 'gel', 'go': 'git', 'never': 'asla'}
>>> sozluk.pop("test")
Traceback (most recent call last):
  File "<pyshell#6>", line 1, in <module>
    sozluk.pop("test")
KeyError: 'test'
>>> sozluk.pop("test","Böyle bir anahtar bulunmuyor")
'Böyle bir anahtar bulunmuyor'
>>> |
```

`Pop()` komutunun ilk parametresi hangi anahtarın silineceği, ikinci parametre olarak da eğer silinecek anahtar bulunamazsa nasıl bir mesaj vereceğini yazıyoruz. Böylece hem programımız kırılmadan çalışıyor hem de kibarca bir mesaj iletmiş oluyoruz kullanıcıya.

Anahtar ve Değer Listesi ile Çalışmak

Sözlüğün sahip olduğu tüm anahtar ve değerleri listelemek mümkündür. `Pop()` komutundaki olası hatayı aslında önlemek de mümkündür. *Nasıl mı?* Hadi hem anahtarlar arasında gezelim hem de pop hatasını tamamen engelleyelim.

Program Kodu:

```
#sözlük tanımlıyoruz
sozluk={"Günaydın":"Good Morning",
        "İyi Akşamlar":"Good Evening",
        "İyi Geceler":"Good Night",
        "Merhaba":"Hello",
        "Gel":"Come"}

#silmek istediğiniz kelimeyi alıyoruz
silinecek=input("Lütfen sileceğiniz anahtarı yazın")

#eğer silinecek anahtar, anahtarlar arasında varsa
if silinecek in sozluk.keys():
    sozluk.pop(silinecek)   #anahtarı sil
    print(silinecek,"adındaki anahtar ve değeri silindi")
else:                       #anahtar yoksa, uyarı ver
    print(silinecek,"adında bir anahtar yok")
```

Olası Çıktı:

```
 RESTART: C:/Users/sugokhan/Desktop/gifted
ükler/program/ilksozlukkeys.py
Lütfen sileceğiniz anahtarı yazıngit
git adında bir anahtar yok
>>>
 RESTART: C:/Users/sugokhan/Desktop/gifted
ükler/program/ilksozlukkeys.py
Lütfen sileceğiniz anahtarı yazınGel
Gel adındaki anahtar ve değeri silindi
>>> |
```

ÖRNEK UYGULAMA: ERGEN SÖZLÜĞÜ

Karşim, olaya gel. Ego kasma, "Ay ben şok", deme bizi dinle. Gençler çok fena! Onları bagaja atarsan eziklerler seni.

Şimdi, sizinle **ergen sözlüğü** çalışmamıza başlayalım. Tüm gençlerin ya da arkadaşlarınızın katkı sağlayabileceği şöyle bir program yazacağız; öncelikle boş bir sözlük oluşturacağız ve kelime arayacağız eğer bulamazsak biz ekleyeceğiz. Böylece bizlerin büyüttüğü güncel bir sözlüğümüz olacak. Hadi başlayalım.

Önce programın çıktısını yani çalışır hâlini görelim, kodlarını sonra yazalım.

```
 RESTART: C:/Users/sugokhan/Desktop/giftedcoder/k:
ükler/program/ergensozluugu.py
Sorgulanacak kelimeyi girin(çıkış=q)karşim
aradığınız kelimenin karşılığı bulunamadı
Lütfen siz ekleyinKARDEŞİM
Eklendi
Sorgulanacak kelimeyi girin(çıkış=q)bro
aradığınız kelimenin karşılığı bulunamadı
Lütfen siz ekleyinerkek kardeşim
Eklendi
Sorgulanacak kelimeyi girin(çıkış=q)sista
aradığınız kelimenin karşılığı bulunamadı
Lütfen siz ekleyinkız kardeşim
Eklendi
Sorgulanacak kelimeyi girin(çıkış=q)q
Katkılarınız için teşekkür ederiz.
>>>
```

Programın Kodları ve Açıklamaları:

ergensozluugu.py - C:/Users/sugokhan/Desktop/giftedcoder/kitap/python_kitap/9_demetvesözlükler/program/ergensozluugu.py (3.6.5)

File Edit Format Run Options Window Help

```
#ergensozlugu adına boş bir sözlük oluşturuyoruz
ergensozlugu={}

#sonsuz döngü başlat
while True:
    #sorgulanacak anahtarı iste
    anahtar=input("Sorgulanacak kelimeyi girin(çıkış=q)")
    #q harfi basılmışsa, döngüyü kır
    if anahtar=="q":
        break;
    #eğer anahtar varsa, karşılığını yaz
    if anahtar in ergensozlugu.keys():
        print(ergensozlugu[anahtar])
    else:  #eğer yoksa, kullanıcıdan karşılık iste ve ekle
        print("aradığınız kelimenin karşılığı bulunamadı")
        deger=input("Lütfen siz ekleyin");
        ergensozlugu[anahtar]=deger
        print("Eklendi")

#döngü bitti
print("Katkılarınız için teşekkür ederiz.")
```

Arkadaşlarınız ile kendi aranızda bir dil kullanıp,onu bu sisteme ekleyebilirsiniz. Fonksiyonlar kısmında bu ve benzer örnekler üzerinde daha çok duracağız.

ÖRNEK UYGULAMA: BİLİNMEYEN NUMARA SERVİSİ

En acil zamanlarda erişmemiz gereken bazı numaralar aklımızdan gidebilir. Acaba kendimize cep telefonumuzdakine benzer bir rehber yapsak. Hem de biraz farklı bir sorgulama metoduyla. **Başlayalım.**

önemlinumaralar.py - C:/Users/sugokhan/Desktop/giftedcoder/kitap/python_kitap/9_demetvesözlükler/program/önemlinumaralar.py (

File Edit Format Run Options Window Help

```
#önemli numara tanımla
onemlinumaralar={"112":"Hızır Acil",
                 "110":"İtfaiye",
                 "121":"Telefon Arıza",
                 "153":"Alo Zabıt",
                 "155":"Polis İmdat",
                 "156":"Jandarma İmdat",
                 "183":"Alo Çocuk ve Kadın"
                 }
#aradıgımız bilgi
anahtar=input("Lütfen aradığınız numarayı yazın")
#get ile de anahtar bilgisi verilen bir değer sorgulanır.
#eğer yoksa Numara Bulunamadı bilgisi verir.
deger=onemlinumaralar.get(anahtar,"Numara Bulunamadı")
#verilen cevabı ekrana yaz
print(deger)
```

Program Çıktısı:

(3 kere tekrar edildi, 155,156,111 denendi)

```
>>>
 RESTART: C:/Users/sugokhan/Desktop/giftec
ükler/program/önemlinumaralar.py
Lütfen aradığınız numarayı yazın155
Polis İmdat
>>>
 RESTART: C:/Users/sugokhan/Desktop/giftec
ükler/program/önemlinumaralar.py
Lütfen aradığınız numarayı yazın156
Jandarma İmdat
>>>
 RESTART: C:/Users/sugokhan/Desktop/giftec
ükler/program/önemlinumaralar.py
Lütfen aradığınız numarayı yazın111
Numara Bulunamadı
>>> |
```

Acaba sizler de Türkiye'deki illerin plaka kodları ile ilgili bir sözlük oluşturabilir misiniz?

FONKSİYONLAR 10

Fonksiyon, belirli sayıda verileri kullanarak bunları işleyen ve bir sonuç üreten komut grubudur. Fonksiyonlar programlamada kullanacağımız ve sürekli tekrar eden komutların kullanımını daha da **kolaylaştırmak için** oluşturacağımız yapılardır.

Bu tanımlamaları yaptıktan sonra şu şekilde bir açıklama yapabiliriz. Elimizde bir kod kümesi var ve biz bunu programımız için de tekrar tekrar kullanıyoruz. Bu noktada fonksiyonlar devreye giriyor ve bu kod kümesini tekrar tekrar yazmak yerine bir fonksiyon hâline çeviriyoruz. İstediğimiz yerde bu fonksiyonu çağırıyoruz.

Yukarıdaki şekilden de anlaşılacağı üzere, *(zorunlu olmasa da çoğunlukla)* fonksiyon dediğimiz yapılar bir girdi *(input)* alır, onu belli bir işlemden geçirir ve bir de çıktı verirler. Aslında matematikte kullanılan fonksiyonlar ile tamamen aynı mantıkla hareket etmektedir. Bugüne kadar en sık kullandığımız fonksiyonlardan olan **PRINT()** fonksiyonuna göz atalım.

- Fonksiyonun adı `print` *(Yukarıdaki Elma Dilimleme Fonksiyonu gibi).*
- "(" **ve** ")" arasında, kullanıcıdan bir değer alır *(Kırmızı Elmalar gibi).*
- Ve ekrana çıktı verir. *(Yarım elmalar gibi).*

Peki, Fonksiyonların Genel Özellikleri nelerdir?

1. Her fonksiyonun bir adı bulunur ve fonksiyonlar sahip oldukları bu adlarla anılır. *(print fonksiyonu, type fonksiyonu, input fonksiyonu, len fonksiyonu vb.)*
2. Şekil olarak her fonksiyonun isminin yanında birer parantez işareti bulunur. *(open(), print(), input(), len() vb.)*
3. Bu parantez işaretlerinin içine, fonksiyonlara işlevsellik kazandıran bazı parametreler yazılır. *(print("Merhaba Dünya!")*, len*("kahramanmaraş") vb.)*
4. Fonksiyonlar farklı sayıda parametre alabilir. Örneğin `print()` fonksiyonu toplam 256 adet parametre alabilirken; `input()` fonksiyonu yalnızca tek bir parametre alır.

PYTHON DİLİNDE FONKSİYONLAR NASIL TANIMLANIR?

Python dilinde fonksiyonlar tanımlanırken **DEF** *(definition-tanımlama)* kelimesi ile başlayan ve fonksiyon adı ve parametreleri ile devam eden bir dizilim ile tanımlanır.

Aşağıda örnek bir fonksiyon tanımlanmıştır.

ornekfonk.py - C:/Users/sugokhan/Desktop/giftedcoder/kitap/python_kitap/10 fonksiyonlar/program/ornekfonk.

File Edit Format Run Options Window Help

```
def ornekfonksiyon():
    #fonksiyonun yapacağı işler buraya yazılır
    #örnek olarak merhaba dünyaz yazdıralım
    print("Merhaba Dünya")


#tanımladığımız fonksiyonu çağır
ornekfonksiyon()
```

def: Fonksiyonu tanımlamak için kullandığımız kelimedir. Tanımlamak anlamına gelir.

ornekfonksiyon: def kelimesinden sonra hemen fonksiyon adı gelir. Biz bu çalışmada **ornekfonksiyon** adından bir fonksiyon tanımladık

(): Eğer fonksiyon herhangi bir parametre almayacaksa parantez açılır kapatılır. Ve ardından 2 nokta üstüste ":" konur.

Tıpkı `if`, `for`, `while`'da olduğu gibi fonksiyon tanımının sınırlarını **GİRİNTİ** *(TAB)* belirler. Burada da gördüğünüz gibi `print` komutu 1 TAB içeriden başlamıştır.

Peki, fonksiyonu nasıl çağırıyoruz, yani nasıl kullanıyoruz? Oldukça kolay! Sadece adını yazmamız yeterli. `ornekfonksiyon()` şeklinde çağırabilirsiniz.

Hadi İlk Parametresiz Fonksiyonumuzu Tanımlayalım

Bu fonksiyonumuzun amacı turtle nesnesine sahnenin tam da ortasında 100 pixel boyutlarında bir kare çizdirmek, biraz sonra şekillendireceğimiz bu çalışma bize ilkel bir kare en kısa yoldan nasıl yapılır onu gösterecek.

kare.py - C:/Users/sugokhan/Desktop/giftedcoder/kitap/python_kitap/10 fonksiyonlar/

File Edit Format Run Options Window Help

```
import turtle

#fonksiyon tanımlama başladı
def kareciz():
    #merkeze 0,0 noktasına git
    turtle.home()
    #4 kere tekrarlar
    for x in range(4):
        #100 adım git
        turtle.forward(100)
        #90 derece sola dön
        turtle.left(90)
#fonksiyon tanımı bitti



#kareciz fonksiyonunu çağırıyoruz
kareciz()
```

Yukarıda adım adım tarif ettiğimiz basit fonksiyon bize sahne ortasında bir kare çizecek. Aşağıda çıktıyı görebilirsiniz.

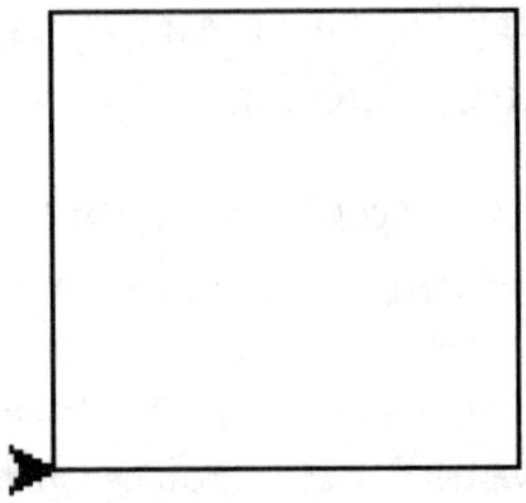

Basit bir kare ekranın tam da ortasında belirdi. Görev başarıyla tamamlandı.

Şimdi De Parametreli Fonksiyonumuzu Tanımlayalım

Az önceki örnekte oluşturduğumuz karemizin rengi siyah bir kare idi. Siz ne zaman "`kareciz()`" fonksiyonunu çağırırsanız, o gidecek ve yine siyah bir kare çizecektir. Peki, biz `kareciz()` fonksiyonuna renk bilgisi versek ve bize o renkte kareler çizse daha eğlenceli olmaz mı?

Şimdi `renklikareciz()` adında bir fonksiyon tanımlayacağız ve biz ne renk verirsek o renkte kare çizmesini sağlayacağız.

renklikare.py - C:/Users/sugokhan/Desktop/giftedcoder/kitap/python_kitap/10 fonksiyonlar/program

File Edit Format Run Options Window Help

```
import turtle

#fonksiyon tanımlama başladı
def renklikareciz(renk):
    #kalem rengini ayarla
    turtle.pencolor(renk)
    #merkeze 0,0 noktasına git
    turtle.home()
    #4 kere tekrarlar
    for x in range(4):
        #100 adım git
        turtle.forward(100)
        #90 derece sola dön
        turtle.left(90)
#fonksiyon tanımı bitti



#renklikareciz fonksiyonunu çağırıyoruz
#parametre olarak RED (Kırmızı) veriyoruz
renklikareciz("red")
```

Parametreli fonksiyon tanımını inceleyelim. Fonksiyonu tanımlarken yine önce ad veriyoruz. Bizim örneğimizde `renklikareciz` oldu adı. Parantezler içerisinde ise, *sana RENK isminde bir veri gelecek, onu almadan yola çıkma* diyoruz.

`Renklikareciz("red")` diye çağırdığımız fonksiyonda "**red**" yani kırmızı, RENK parametresi ile temsil edilmektedir. Öncelikle yukarıdaki kodun çıktısını inceleyelim. Ardında başka renkler ile nasıl bir kare oluşturacağını görelim.

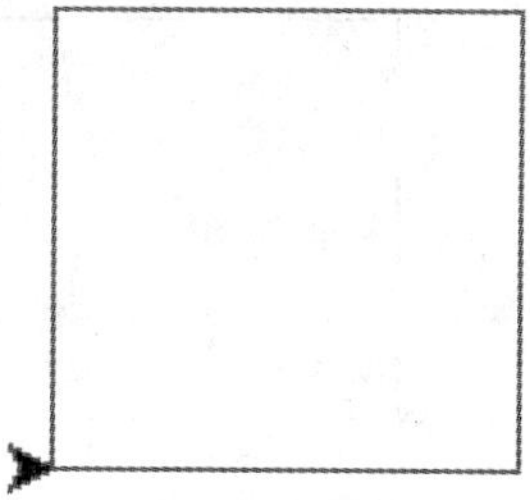

Gördüğünüz gibi kırmızı bir kare oluştu.

Peki farklı renklerde kare oluşturmak isteseydik yapmamız gereken şey nedir?

```
renklikareciz("yellow")
```

```
renklikareciz("blue")
```

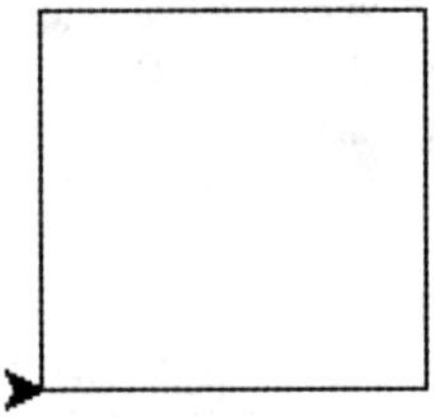

```
renklikareciz("orange")
```

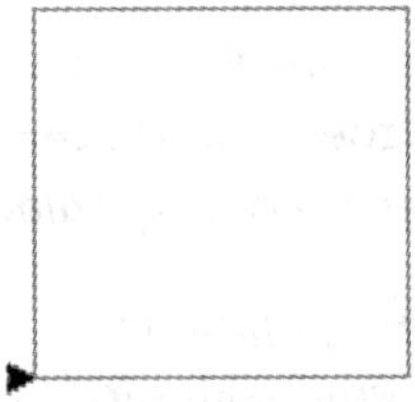

```
renklikareciz("purple")
```

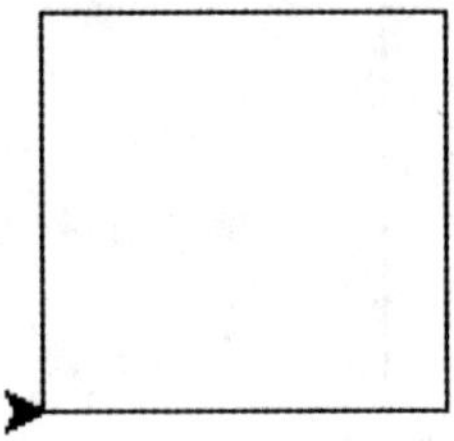

PYTHON DİLİNDE FONKSİYON TANIMLANIRKEN SIK YAPILAN HATALAR

- **"def" kelimesinde hata yaparsanız;** *(def yerine DAF yazılarak test edildi)*

```
import turtle

#fonksiyon tanımlama başladı
daf renklikareciz(renk):
    #kalem rengini ayarla
    turtle.pencolor(renk)
    #merkeze 0,0 noktasına git
    turtle.home()
    #4 kere tekrarlar
    for x in range(4):
        #100 adım git
        turtle.forward(100)
        #90 derece sola dön
        turtle.left(90)
#fonksiyon tanımı bitti
```

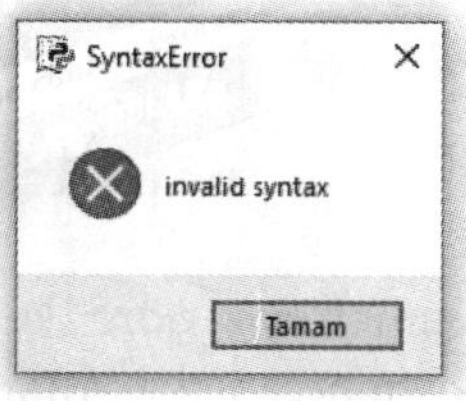

- **Tanım kısmında parametre yazmayı unutur, çağırma kısmında parametre gönderirseniz.**

Tanımlama Kısmı:

```
def renklikareciz():
```

Çağırma Kısmı:

```
renklikareciz("purple")
```

Tanımlama aşamasında fonksiyonu hiç parametre almayacak şekilde tanımlar, ancak çağırma kısmında ona parametre gönderirseniz beklenmedik bir misafiri karşısında gören fonksiyon hata verecektir. Bakalım nasıl bir hata ile karşı karşıya kalacağız.

```
RESTART: C:\Users\sugokhan\Desktop\giftedcoder\kitap\python_kitap\10 for
ar\program\renklikare.py
Traceback (most recent call last):
  File "C:\Users\sugokhan\Desktop\giftedcoder\kitap\python_kitap\10 fonks
\program\renklikare.py", line 21, in <module>
    renklikareciz("purple")
TypeError: renklikareciz() takes 0 positional arguments but 1 was given
```

`Renklikareciz()` ismindeki fonksiyon, 0 parametre almaktadır, ancak ona 1 parametre verilmiş. Beklenmedik misafir vakası.

- **Tanım kısmında parametre var, çağırma kısmında parametre yoksa ise**;

Tanımlama Kısmı:

```
def renklikareciz(renk):
```

Çağırma Kısmı:

```
renklikareciz()
```

Tanım kısmı parametreye göre kendini ayarlamış, ona göre tasarlanmış, ancak çağırma kısmında ise herhangi bir parametre gönderilmez ise yine hata verecektir. Şöyle hayal edin, evinize misafir gelecek, ona göre hazırlık yapmışsınız, ancak misafir gelmiyor. Tam bir hayal kırıklığı. Bu tür durumlarda nasıl siz öfkelenirseniz, program da hata verecektir. Bakalım nasıl bir hata veriyor?

```
RESTART: C:\Users\sugokhan\Desktop\giftedcoder\kitap\python_kitap\10 fonks:
ar\program\renklikare.py
Traceback (most recent call last):
  File "C:\Users\sugokhan\Desktop\giftedcoder\kitap\python_kitap\10 fonksiy
\program\renklikare.py", line 21, in <module>
    renklikareciz()
TypeError: renklikareciz() missing 1 required positional argument: 'renk'
>>> |
```

`Renklikareciz()` ismindeki fonksiyon **`RENK`** adında bir parametre bekliyordu, ancak gelmedi, eksik kaldı. Sonuç itibariyle buradan anlaşılan şey, eğer fonksiyon parametre almaya göre tasarlandıysa parametre göndermek zorundayız. Aksi hâlde hata verecektir.

- **Girintilere** *(indent)* **dikkat etmezseniz**;

Eğer girintilere dikkat etmezseniz, fonksiyon sınırlarının nereler olduğunu bilemez ve hata verir. Bildiğiniz üzere diğer diller de fonksiyon tanımlarken sınırlar "{" ve "}" benzeri parantezlerle belli edilir. Python bize çok büyük kolaylık sağlıyor ve bir sürü noktalama işaretinden kurtarıyor. Sınır belirleme işlerini **GİRİNTİ** ile çözümlüyor. Ama eğer bunu ihlal edersek aşağıdaki hatayı alırız.

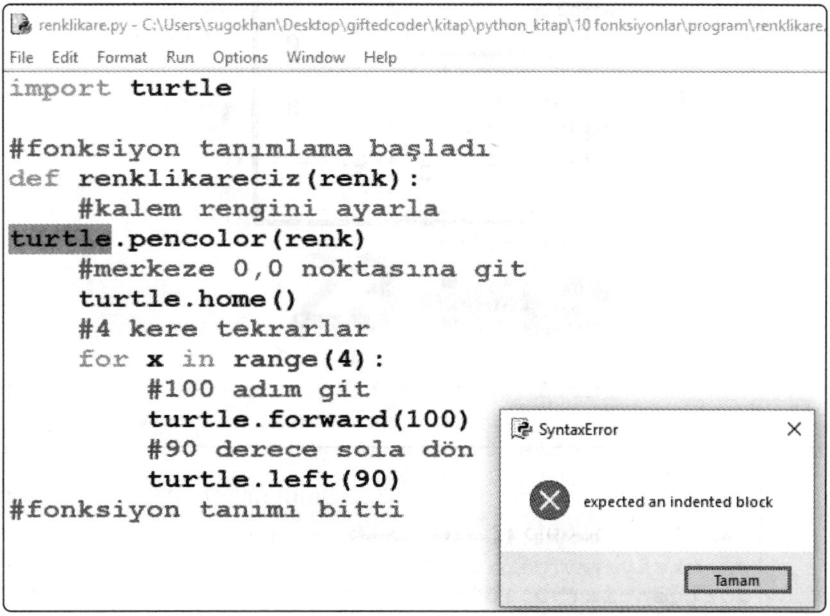

Fonksiyon tanımlarken ya da çağırırken en sık karşılaşılan hataları gösterdik ancak burada yazamadığımız ya da aklımıza gelmeyen hatalar da olacaktır. Lütfen bu tür durumlarda öncelikle parametre sayısının denk olup olmadığına, girintilere, noktalama işaretlerinin ":" gibi konulup konulmadığına dikkat ediniz.

Her dilin kuralları vardır, Python bunlar arasında en kullanıcı dostu olan, bize çok az zahmet veren bir dildir.

İSTEDİĞİM ÖLÇÜLERDE BİR DÖRTGEN ÇİZELİM

Amacımız, kırmızı zemin üstüne beyaz kalem ile istediğimiz boyutlarda bir dörtgen çizmek... Bildiğiniz üzere dörtgen çizmek için 2 tane bilgiye ihtiyacım var, bunlar en ve boy. Acaba 2 parametre nasıl tanımlanır ve çağrılır.

dprtgenciz.py - C:/Users/sugokhan/Desktop/giftedcoder/kitap/python_kitap/10 fonksiyonlar/program/d

File Edit Format Run Options Window Help

```
import turtle

#2 parametre alacak şekilde
#fonksiyon tanımlandı
def dortgenciz(en,boy):
    #arkaplan rengi kırmızı
    turtle.bgcolor("red")
    #kalem rengi beyaz
    turtle.pencolor("white")
    #2 kere tekrarla
    for x in range(2):
        #EN parametresi kadar ilerle
        turtle.forward(en)
        turtle.left(90) #90 derece sola
        #BOY parametresi kadar ilerle
        turtle.forward(boy)
        turtle.left(90) #90 derece sola

#eni 50, boyu 100 olacağı için
#fonksiyonu çağırırken, 2 parametre verildi.
dortgenciz(50,100)
```

Yukarıdaki kodlar bize 50 eninde 100 boyunda bir dörtgen oluşturmaktadır. Dikkat edersiniz renk örneğin kırmızı rengi vermesi için "`red`" diye bir parametre göndermiştik, string tipindeki parametreler çift tırnak içinde gönderilir. Ancak sayısal parametreler **tırnaksız** gönderilir. Bu örneğimizde de 50 ve 100 parametreleri tırnaksız gönderildi. Ayrıca parametreler arasında hem tanımlama hem de çağırma aşamasında "," **virgül** koyarız. Böylece parametreler birbirine girmez. Hem zaten Türkçede aynı türden nesneleri sıralarken de virgül koyarız. Bir kere tanımladığımız fonksiyonumu artık defalarca çağırabiliriz. İşte fonksiyonların güzelliği de burada. Çok az kod, çok fazla iş.

Örnek bazı dörtgenler aşağıda listelenmiştir.

```
dortgenciz(50,50)
```

```
dortgenciz(100,50)
```

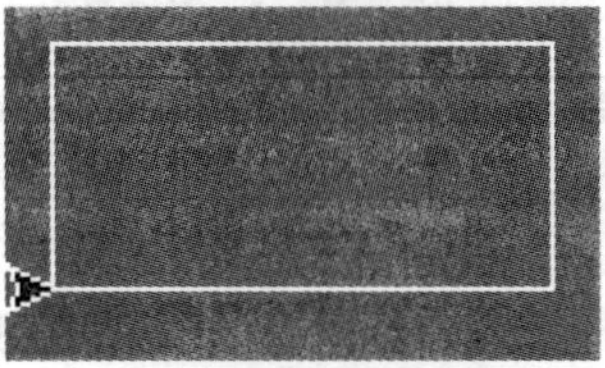

```
dortgenciz(50,100)
```

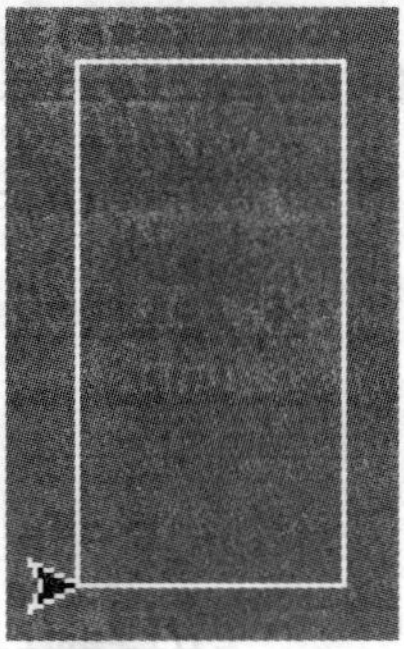

İSTEDİĞİMİZ ÖLÇÜLERDE VE İSTEDİĞİMİZ RENKTE BİR DÖRTGEN ÇİZELİM

Yukarıdaki örneğe çok minik 2 parametre ekleyerek hem arka plan rengini hem de kalem rengini değiştirme esnekliği kazandırabiliriz.

dprtgenciz.py - C:/Users/sugokhan/Desktop/giftedcoder/kitap/python_kitap/10 fonksiyonlar/program/d

File Edit Format Run Options Window Help

```
import turtle

#2 parametre alacak şekilde
#fonksiyon tanımlandı
def dortgenciz(en,boy,kalemrengi,arkaplan):
    #arkaplan rengi ARKAPLAN parametresi
    turtle.bgcolor(arkaplan)
    #kalem rengi KALEMRENGİ parametresi
    turtle.pencolor(kalemrengi)
    #2 kere tekrarla
    for x in range(2):
        #EN parametresi kadar ilerle
        turtle.forward(en)
        turtle.left(90) #90 derece sola
        #BOY parametresi kadar ilerle
        turtle.forward(boy)
        turtle.left(90) #90 derece sola

#eni 50, boyu 100 olacağı için
#fonksiyonu çağırırken, 2 parametre verildi.
dortgenciz(50,100,"blue","yellow")
```

Oluşan Ekran Çıktısı:

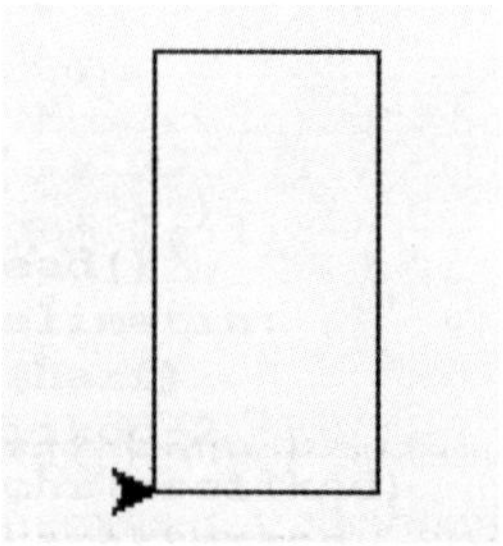

PARAMETRELER	EN (en)	BOY (boy)	KALEM RENGİ (kalemrengi)	ARKAPLAN (arkaplan)
	⬆	⬆	⬆	⬆
DEĞERLER	50	100	blue	yellow

HADİ OLİMPİYAT HALKALARINI YAPALIM

Olimpiyat bayrağındaki 5 halka **yeryüzündeki 5 kıtayı** temsil eder.

- Mavi renkli halka Avrupa kıtasını,
- Sarı renkli halka Asya kıtasını,
- Siyah renkli halka Afrika kıtasını,
- Kırmızı renkli halka Amerika kıtasını,
- Yeşil renkli halka Avustralya kıtasını temsil eder.

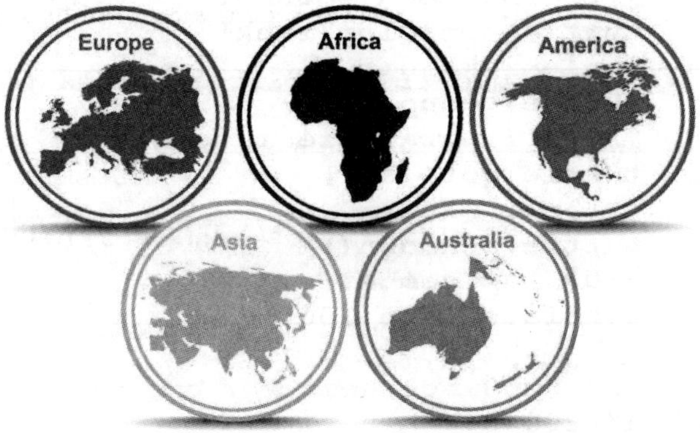

Program Kodlarımız:

olimpiyathalkası.py - C:/Users/sugokhan/Desktop/giftedcoder/kitap/python_kitap/10 fonksiyonlar/

File Edit Format Run Options Window Help

```
import turtle

#halka fonksiyonu tanımlıyoruz
#x,y ve renk parametreleri alacak
def halka(x,y,renk):
    #kalem boyutunu ayarlıyoruz
    turtle.pensize(10)
    #rengini RENK parametresi yap
    turtle.pencolor(renk)
    #kalemi kaldır
    turtle.penup()
    #X ve Y parametresindeki yere git
    turtle.goto(x,y)
    #kalemi bastır
    turtle.pendown()
    #100 lük çember çiz
    turtle.circle(100)

#x=-200,y=50 noktasında mavi halka çiz
halka(-200,50,"blue")
#x=-50,y=50 noktasında siyah halka çiz
halka(-50,50,"black")
#x=100,y=50 noktasında kırmızı halka çiz
halka(100,50,"red")
#x=-125,y=-25 noktasında sarı halka çiz
halka(-125,-25,"yellow")
#x=25,y=-25 noktasında yeşil halka çiz
halka(25,-25,"green")
```

Programın tüm açıklamaları yanında ya da üstünde yer alıyor, ancak gördüğünüz gibi halka tanımını bir kere yaptıktan sonra işimi ne kadar kolaylaşıyor. Nereye ve ne renkte olacağına karar veriyoruz ve `turtle` gidip orada bizim için halka oluşturuyor. Bakalım ekran çıktımız nasıl olmuş.

Program Çıktısı:

SEZAR ŞİFRELEME FONKSİYONU YAZALIM

Sezar savaş döneminde önemli bilgileri şifreleme tekniği ile yollarmış. Bu teknik kısaca şöyle işlemektedir; şifrelemek istediğiniz metin ya da kelime var diyelim, öncelikle bir **anahtar değer** belirliyorsunuz. Bu anahtar değeri **sayı** olmak durumunda. Belirlenen anahtar değeri kadar verilen kelimedeki harfleri kaydırıyoruz. Biz 2 kademe kaydıracağız, yani anahtar değerimiz **2** olacak.

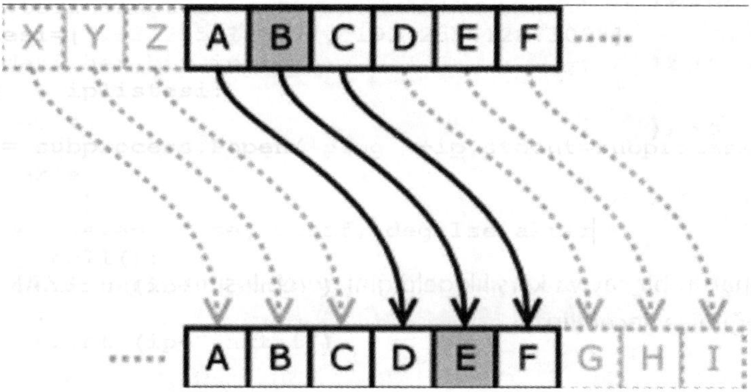

Öncelikle ASCII tablosu ve `ord()` – `chr()` fonksiyonlarından bahsetmek gerekir. **ASCII tablosu**, Bilgisayar bilimlerinde kullanılan ve her sembolü sayısal olarak ifade etmeye yarayan tablolardan birisidir. Aslında günümüzde en çok kullanılanıdır. ASCII harfleri **American Standard Code for Information Interchange** kelimelerinin baş harflerinden oluşmaktadır.

`Ord()` foksiyonu bir karakterin, ASCII deki sayı karşılığını gösterir.

`Chr()` fonksiyonu ise sayı olarak verilen bir değerin **KARAKTER** karşılığını verir. Anlaması ilk başta biraz zor gelebilir, ancak aşağıdaki uygulamaya bakınca çok rahat anlaşılacaktır.

```
Type "copyright",
>>> ord("a")
97
>>> chr(97)
'a'
>>> |
```

"**a**" karakterinin ASCII tablosundaki karşılığı **97...** Bunu öğrenmek için `ord("a")` fonksiyonunu kullandık. Tam tersini yapmak için yani ASCII tablosunun 97 numarasında hangi karakter olduğunu öğrenmek için ise `chr(97)` fonksiyonunu kullandık. Şimdi, ismindeki tüm harflerin ASCII karşılığını göstermek istiyorum.

```
>>> ord('g')
103
>>> ord('ö')
246
>>> ord('k')
107
>>> ord('h')
104
>>> ord('a')
97
>>> ord('n')
110
```

Her harfin bir sayıya karşılık geldiğini görebilirsiniz. Şimdi **SEZAR ŞİFRELEME** örneğimize geçebiliriz.

sezarsifre.py - C:/Users/sugokhan/Desktop/giftedcoder/kitap/python_kitap/10 fonksiyonlar/program/sezarsifre.py (3.6.5)

File Edit Format Run Options Window Help

```
#metin parametresi alacak
def sifrele(metin):
    #yeni üreteceğimiz şifrelimetin
    sifrelimetin=""
    #metindeki her bir harf için
    for harf in metin:
        #önce ascii kodunu öğren
        asciikod=ord(harf)
        #o koda 2 ekle ki kaydıralım
        asciikod=asciikod+2
        #karakter haline dönüştür
        karakterkod=chr(asciikod)
        #sifrelimetne ekle
        sifrelimetin=sifrelimetin+karakterkod
    #for döngüsü bitince ekrana yaz
    print("şifresiz: "+metin+" şifreli: "+sifrelimetin)

#fonksiyonu çağır, "merhaba dünya" kelimesini şifrele
sifrele("merhaba dünya")
```

Yukarıdaki kodun çıktısı da aşağıdaki gibi olacaktır.

```
 RESTART: C:/Users/sugokhan/Desktop/giftedcoder/k
ar/program/sezarsifre.py
şifresiz: merhaba dünya şifreli: ogtjcdc"fþp{c
```

Gördüğünüz gibi "**merhaba dünya**" kelimesi neredeyse tahmin edemeyeceğimiz bir metne dönüşmüş. Peki, acaba şifreli metnin ulaştığı kişi, gizli mesajı alan kişi bunu nasıl anlayacak? Bu konuda nasıl bir formül kullanacak?

Oldukça basit. Karakterlerin ASCII karşılığına 2 ekleyerek kaydırma yapmıştık. Şimdi, yeni oluşan şifrenin karakterlerinin ASCII karşılıklarından 2 çıkarırsak şifreyi çözeriz. Şimdi, onun kodunu da ekleyelim.

```
#sifrelimetin parametresi alacak
def sifrecoz(sifrelimetin):
    #şifresiz metin
    metin=""
    #sifrelimetindeki her bir harf için
    for harf in sifrelimetin:
        #önce ascii kodunu öğren
        asciikod=ord(harf)
        #o koddan 2 çıkaralım ki kaydıralım
        asciikod=asciikod-2
        #karakter haline dönüştür
        karakterkod=chr(asciikod)
        #metne ekle
        metin=metin+karakterkod
    #for döngüsü bitince ekrana yaz
    print("şifreli  : "+sifrelimetin+" şifresiz: "+metin)
#fonksiyonu çağır, şifreçözülmüştür.
sifrecoz("ogtjcdc")
```

"**merhaba**" kelimesinin şifreli hâli "**ogtjcdc**"dir. Şimdi bu şifreyi çözelim. Kodu çalıştırdığımızda karşımıza şu çıkacaktır.

```
RESTART: C:/Users/sugokhan/Desktop/gift
ar/program/sezarsifre.py
şifreli  : ogtjcdc şifresiz: merhaba
```

Örnek Uygulama: Klavyeden Tuşlar İle Çizim Yapalım

Oyunun amacı, klavye tuşlarının kullanımını öğrenmek ve onlara fonksiyon atamak. Şimdi, aşağıdaki tuşlar ile bir çizim oyunu yapalım.

TUŞLARIN GÖREVLERİ			
YUKARI OK	İleri doğru 50 adım git	Y Tuşu	Yeşil renk ile çiz
AŞAĞI OK	Geri doğru 50 adım git	S Tuşu	Sarı Renk ile çiz
SAĞ OK	Sağa 90 derece dön	M Tuşu	Mavi Renk ile çiz
SOL OK	Sola 90 derece dön	K Tuşu	Kırmızı Renk ile çiz

Program Kodları:

```
import turtle

turtle.pensize(5)         #kalem boyutu 5 olsun
turtle.bgcolor("black")#arkaplan siyah
turtle.pencolor("white")#kalem beyaz
turtle.turtlesize(2,2,2) #okun boyu 2,2,2

#FONKSIYONLAR TANIMLANIYOR
def ileri():
    turtle.forward(50)    #50 adım git
def geri():
    turtle.backward(50)   #50 adım geri git
def sol():
    turtle.left(90)       #90 derece sola dön
def sag():
    turtle.right(90)      #90 derece sağa dön
def yesil():
    turtle.pencolor("green") #kalemi yeşil yap
def sari():
    turtle.pencolor("yellow")#kalemi sarı yap
def kirmizi():
    turtle.pencolor("red")#kalemi kırmızı yap
def mavi():
    turtle.pencolor("blue")#kalemi mavi ap

#KLAVYEDEN BASILAN TUSA GORE FONKSIYONLAR CAGIRILIYOR
turtle.onkeypress(ileri, "Up")      #yukarı ok-> ileri() fonk.
turtle.onkeypress(geri, "Down")     #aşağı ok -> geri() fonk.
turtle.onkeypress(sol, "Left")      #sol ok   -> sol() fonk.
turtle.onkeypress(sag, "Right")     #sağ ok   -> sag() fonk.
turtle.onkeypress(yesil, "y")       #y harfi  -> yesil() fonk.
turtle.onkeypress(sari, "s")        #s harfi  -> sari() fonk.
turtle.onkeypress(kirmizi, "k")     #k harfi  -> kirmizi() fonk.
turtle.onkeypress(mavi, "m")        #m harfi  -> mavi() fonk.
turtle.listen()                     #tuşların basılmasını dinle
```

Örnek Uygulama:

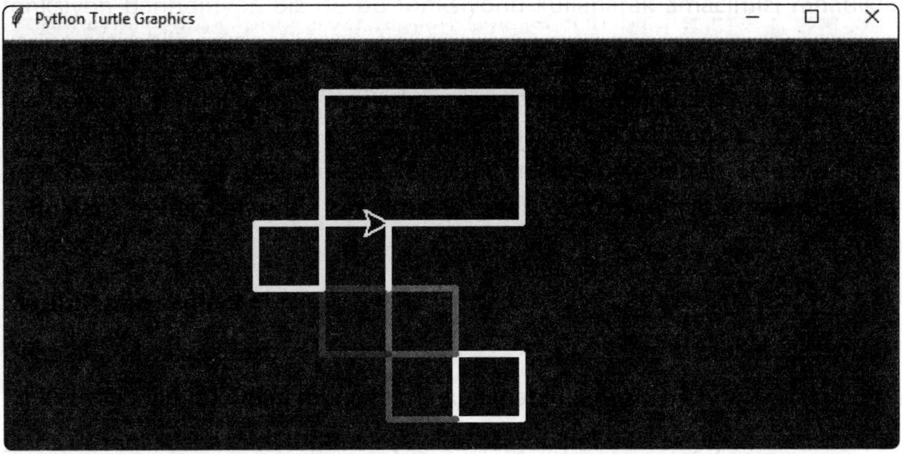

ÖRNEK UYGULAMA: GÖKYÜZÜNDEKİ YILDIZLAR

Her tıkladığım yerde yıldız olsun irili ufaklı bolca yıldız... Siyah geceyi aydınlatsın. Hadi çok keyifli bir yıldızlı gece uygulaması yapalım.

```
import turtle                       #turtle modülünü dahil et
import random                       #random modülünü dahil et
turtle.bgcolor("black")             #arkaplan siyah olsun
turtle.pencolor("white")            #kalem rengi beyaz olsun

def yildizciz(x,y):                    #yıldızı çizecek fonk.
    yildizboyut=random.randint(2,10) #rastgele boyut (2..10)
    turtle.penup()                      #kalemi kaldır
    turtle.setpos(x,y)                  #tıklanan noktaya git
    turtle.pendown()                    #kalemi bastır
    turtle.fillcolor("white")           #dolgu rengi beyaz olsun
    turtle.begin_fill()                 #dolgu yapmaya başla
    for x in range(5):                  #5 kere tekrarla
        turtle.forward(yildizboyut)        #boyut adım git
        turtle.right(120)            #sağa doğru 120 derece dön
        turtle.forward(yildizboyut)        #boyut adım git
        turtle.left(48)              #sola doğru 48 derece dön
    turtle.end_fill()                  #dolgu işlemi bitti


#ekranın neresine ıklarsam, orada yıldız çiz
#bunun için yildizciz fonksiyonunu çağır
turtle.onscreenclick(yildizciz)
```

Olası Ekran Çıktısı:

Örnek Uygulama: Kaplumbağa Yarışı

Kaplumbağaları yarıştıralım, bakalım hangisi kazanacak. Biraz uzun bir uygulama ama oldukça keyifli bir zaman geçireceksiniz.

Bu uygulamanın kodlarını parça parça öğreneceğiz.

Aşağıda bir ekran çıktısı oluşturduk.

Modülleri dâhil etmek

Bu çalışmada 2 tane modüle ihtiyacımız var. Bunlar **turtle** ve **random**. Farklı bir dâhil etme yöntemi kullanıldı, bir sonraki bölüm olan modüllerde bu kullanım şeklini de öğreneceğiz.

```
from turtle import *           #turtle import et
from random import randint    #random import et
```

Kaplumbağaları Oluştur

Kaplumbağanın bir örneğini oluşturuyoruz. Rengini, şeklini ve başlangıç pozisyonunu belirliyoruz.

```
#kırmızı kaplumbağa oluştur
red = Turtle()
red.color('red')
red.shape('turtle')
red.penup()
red.goto(-320, 100)
red.pendown()

#mavi kamplumbağa oluştur
blue = Turtle()
blue.color('blue')
blue.shape('turtle')
blue.penup()
blue.goto(-320, 0)
blue.pendown()
```

Yarış Pistini Oluşturalım

Pistin başındaki sayılar ve yol çizgilerini oluşturan kodlar aşağıdadır.

```
#yarış pistini oluşturacak
def yarispisti():
  for x in range(31):
    write(x, align='center')
    right(90)
    for num in range(8):
      penup()
      forward(10)
      pendown()
      forward(10)
    penup()
    backward(160)
    left(90)
    forward(20)
```

Kimin kazandığını ekranda gösterelim.

Eğer kırmızı kazanırsa; ekranda kırmızı renkte "**RED WIN!!!**", eğer mavi kazanırsa "**BLUE WIN!!!**" yazmasını sağlayalım.

```
#kimin kazandığını gösterecek
def kazanan(kim):
  goto(-100,200)              #-100,200 konumuma git
  kazanan=kim+" win!!!"       #kazanma cümlesini oluştur
  pencolor(kim)               #kalem rengini belirle
  #ekranda, 40 fontunda, kalın yazı yazacak
  write(kazanan,align='center',font=('Arial',40,'bold'))
```

Align, hizalama anlamına gelmektedir. **Center**, merkeze al. **Font**, ekranda görülecek yazının; büyüklüğü, türü ve kalınlığını ayarlamak imkânı tanır.

Oyunun ana kısmı burada yazılmaktadır. Öncelikle yarış pisti oluşturduğumuz fonksiyonu çağırıyoruz.

```
#-----OYUN AYARLARI----
speed(0)
penup()
goto(-300, 140)

#yarış pistini çiz
yarispisti()
#herhangi bir kaplumbağa 300'e erişene kadar
while (red.xcor()<300 and blue.xcor()<300):
    red.forward(randint(1,5))  #rastgele adım at
    blue.forward(randint(1,5)) #rastgele adım at

#300e eşit olan kazanır
if (red.xcor()>=300):
    kazanan("red")
else:
    kazanan("blue")
```

Oyun herhangi bir kaplumbağa, 300 pozisyonuna erişene kadar devam eder. 300 pozisyonu **x**, yani yatay pozisyonunu ifade etmektedir. Bu süre içinde her kaplumbağa rastgele adımlar atacaktır. X pozisyonu `300`'e ilk erişen için `kazanan` fonksiyonu çağrılır. Eğer kırmızı kaplumbağanın x koordinatı `300` ise `kazanan` fonksiyonuna "`red`" parametresi gönderilir. Eğer mavi kaplumbağanın x koordinatı `300` ise `kazanan` fonksiyonuna "`blue`" parametresi gönderilir. Yukarıda kod parçaları sırası ile verilmiştir. Bu parçaları alt alta yazdığınız zaman programınız sorunsuz bir şekilde çalışacaktır.

Örnek Uygulama: İsminizi Tersten Yazdıralım

Kullanıcıdan aldığımız bir kelimenin soldan sağa dönüşmüş yani ters hâlini kullanıcıya iletelim. Böylece fonksiyon kavramını daha da pekiştirelim.

Öncelikle ekran çıktısını görelim. Sonrasında kodları yazalım.

```
 RESTART: C:/Users/sugokhan/Desktop/giftedcoder.
ar/program/terscevir.py
Lütfen kelime girinizgökhan
nahkög
```

Program kodlarımız aşağıdadır.

```
#fonksiyon tanımlıyoruz
def terscevir(kelime):
    #kelimenin ters halini geri gönder
    return kelime[::-1]

#kullanıcıdan metin al
metin=input("Lütfen kelime giriniz")
#terscevir fonksiyonundan gelen bilgiyi
#ekrana yazalım
print(terscevir(metin))
```

Burada daha önce öğrenmediğimiz bir fonksiyonu da görelim.

Kelime[: : -1], o kelimeyi ters çevirmek için kullanılan ve çok kolay bir şekilde bunu yapan bir işlevdir. Ayrıca `RETURN` kelimesini de ilk kez kullandık. `RETURN`, fonksiyonu çağıran yere bir değer geri döndürür.

Diyelim ki toplama fonksiyonu oluşturduk. 2 sayının toplanması işini yapan fonksiyon toplama işini bitirdikten sonra bize geri bilgi vermeli, zaten beklediğimiz de budur, işte bunu `return` ile gerçekleştirecektir. Bildiğiniz bütün matematik fonksiyonları aslında bize değer döndüren fonksiyonlarıdır.

Hazır Fonksiyonlar:

Bu bölümde **RETURN** kavramını daha iyi anlamak adına çok işlevsel bazı fonksiyonlar üzerinde duracağız.

FONKSİYON ADI	GÖREVİ	ÖRNEK	GERİ DÖNÜŞ
Len()	Parametre olarak verilen değerin uzunluğunu verir.	Len("Gökhan")	6
Min()	Parametre olarak verilen değerlerin en küçüğünü verir.	Min(5,25,30,1)	1
Max()	Parametre olarak verilen değerlerin en büyüğünü verir.	Max(5,25,30,1)	30

MODÜLLER

11

Python'daki en önemli konulardan biri olan **modüller**den söz edeceğiz. Ancak modülleri kullanabilmek için elbette öncelikle "**modül**ün" ne olduğunu iyice anlamamız gerekiyor.

Bu soruyu, şimdiye kadar gördüğümüz modüllere bakarak cevaplayacak olursak; modüllerin, bazı işlevleri kolaylıkla yerine getirmemizi sağlayan birtakım fonksiyonları ve nitelikleri içinde barındıran araçlar olduğunu söyleyebiliriz. Mesela pek çok kere **random** modülünü kullandık. Orada bu modülle ilgili şöyle bir örnek vermiştik:

Card (1).py - C:\Users\sugokhan\Downloads\Card (1).py (3.6.5)

File Edit Format Run Options Window Help

```
import random
#iskambi kartlarındaki simgeler demete eklendi
simgeler= ("karo", "kupa", "maca", "sinek")
#iskambil kartlarındaki yüzler demete eklendi
yuzler = ("2", "3", "4", "5", "6","7","8","9","10",
          "joker","kiz", "papaz", "as")
#rastgele bir simge seçildi
simgeniz = random.choice(simgeler)
#rastgele bir yüz seçildi.
yuzunuz = random.choice(yuzler)
#ekrana şanlı kart bilgisi yazıldı
sanslikart=simgeniz+"-"+yuzunuz
print("Şanslı Kartın",sanslikart )
#bakalım şanlı kartın ne diyor. Adresi kopyala ve internet tarayıcına yapıştır.
print("http://sozluk.falderyasi.com/iskambil-kartlari-ve-anlamlari/"+sanslikart)
```

Bu örnekte, random adlı modülün içindeki `random.choice()` adlı faydalı bir fonksiyondan yararlanarak simgeler ve yüzler arasından rastgele bir seçim yapmıştık. Dolayısıyla, yukarıdaki tanımda da belirttiğimiz gibi bir modül olan random, örnekte bahsettiğimiz işlevi kolaylıkla yerine getirmemizi sağlayan bir fonksiyon barındırıyor. Biz de bu fonksiyonu kullanarak amacımızı rahatlıkla yerine getirebiliyoruz.

İşin doğrusu, modül denen şey, Python programlama dilinin *bel kemiğidir*. Eğer modüller olmasaydı, Python programlama dili hem çok kullanışsız bir dil olurdu hem de modüller sayesinde çok kolay bir şekilde üstesinden gelebildiğimiz zorluklar için her defasında kendimiz yeniden bir çözüm icat etmek zorunda kalırdık.

Modüller ne sağlar?

- Daha az kod yazmamızı,
- Bir kez yazdığımız kodları tekrar tekrar kullanabilmemizi,
- Daha düzenli, daha derli toplu bir şekilde çalışabilmemizi sağlıyor.

Hazır Modüller

Modüller iki farklı başlık altında incelenebilir:

1. Kendi tanımladığımız modüller
2. Hazır modüller

Biz burada sadece hazır modülleri ele alacağız.

Hazır modüller, Python geliştiricilerinin veya bizim dışımızdaki Python programcılarının yazıp hizmetimize sunduğu modüllerdir.

Hazır modüller de kendi içinde ikiye ayrılabilir:

1. Standart Kütüphane Modülleri
2. Üçüncü Şahıs Modülleri

Standart Kütüphane Modülleri, doğrudan Python geliştiricileri tarafından yazılıp dile kaynaştırılmış modüllerdir. Bu yönüyle bu modüller daha önce öğrendiğimiz gömülü fonksiyonlara çok benzer. Tıpkı gömülü fonksiyonlarda olduğu gibi Standart Kütüphane Modülleri de her an emrimize amadedir. Biz bunları istediğimiz her an, herhangi bir ek yazılım kurmak zorunda kalmadan kendi programlarımız içinde kullanabiliriz.

Python'ın Standart Kütüphanesi içinde hangi modüllerin olduğunu *https://docs.python.org/3/library/* adresinden inceleyebilirsiniz.

Modüllerin Programa Dâhil Edilmesi

Python'da herhangi bir modülü kullanabilmek için öncelikle onu "içe aktarmamız" gerekir. İçe aktarmak, bir modül içindeki fonksiyon ve nitelikleri başka bir program *(veya ortam)* içinden kullanılabilir hâle getirmek demektir. İsterseniz bu soyut tanımlamayı bir **örnek** ile somutlaştıralım. Mesela, bir Standart Kütüphane modülü olduğunu öğrendiğimiz ve önceki derslerimizde de değindiğimiz os adlı modülü içe aktaralım. Bunun için öncelikle etkileşimli kabuğu çalıştıralım ve şu komutu verelim: `>>>importos`

Böylece **os** adlı modülü içe aktarmış, yani bu modül içindeki fonksiyon ve nitelikleri kullanılabilir hâle getirmiş olduk.

Hatırlarsanız "modül" kavramını tanımlarken bunların bize birtakım **yararlı fonksiyonlar** ve **nitelikler** sunan araçlar olduğunu söylemiştik. İşte, mesela bu **os** modülünün bize hangi yararlı fonksiyonları ve nitelikleri sunduğunu öğrenmek için `dir()` fonksiyonunu kullanabiliriz:

```
>>> import os
>>> dir(os)
['DirEntry', 'F_OK', 'MutableMapping', 'O_APPEND', 'O_BINARY', 'O_CREAT', 'O_EXC
L', 'O_NOINHERIT', 'O_RANDOM', 'O_RDONLY', 'O_RDWR', 'O_SEQUENTIAL', 'O_SHORT_LI
VED', 'O_TEMPORARY', 'O_TEXT', 'O_TRUNC', 'O_WRONLY', 'P_DETACH', 'P_NOWAIT', 'P
_NOWAITO', 'P_OVERLAY', 'P_WAIT', 'PathLike', 'R_OK', 'SEEK_CUR', 'SEEK_END', 'S
EEK_SET', 'TMP_MAX', 'W_OK', 'X_OK', '_Environ', '__all__', '__builtins__', '__c
ached__', '__doc__', '__file__', '__loader__', '__name__', '__package__', '__spe
c__', '_execvpe', '_exists', '_exit', '_fspath', '_get_exports_list', '_putenv',
 '_unsetenv', '_wrap_close', 'abc', 'abort', 'access', 'altsep', 'chdir', 'chmod
', 'close', 'closerange', 'cpu_count', 'curdir', 'defpath', 'device_encoding', '
devnull', 'dup', 'dup2', 'environ', 'errno', 'error', 'execl', 'execle', 'execlp
', 'execlpe', 'execv', 'execve', 'execvp', 'execvpe', 'extsep', 'fdopen', 'fsdec
ode', 'fsencode', 'fspath', 'fstat', 'fsync', 'ftruncate', 'get_exec_path', 'get
_handle_inheritable', 'get_inheritable', 'get_terminal_size', 'getcwd', 'getcwdb
', 'getenv', 'getlogin', 'getpid', 'getppid', 'isatty', 'kill', 'linesep', 'link
', 'listdir', 'lseek', 'lstat', 'makedirs', 'mkdir', 'name', 'open', 'pardir', '
path', 'pathsep', 'pipe', 'popen', 'putenv', 'read', 'readlink', 'remove', 'remo
```

Gördüğünüz gibi bu modül pek çok fonksiyon ve nitelik barındırıyor.

Bu modüle adını veren **os** kelimesi **operating system** *(işletim sistemi)* ifadesinin kısaltmasıdır. Bu modül, kullandığımız işletim sistemine ilişkin işlemler yapabilmemiz için bize çeşitli fonksiyonlar ve nitelikler sunar. Hemen bir örnek verelim.

Diyelim ki bir program yazdınız. Ancak yazdığınız bu programın yalnızca Windows işletim sisteminde çalışmasını istiyorsunuz. Buna göre; eğer programınız Windows işletim sistemi kurulu bir bilgisayarda çalıştırılırsa programınızın normal bir şekilde başlamasını, ama eğer Windows dışı bir işletim sisteminde çalıştırılırsa da kullanıcıya bir **uyarı mesajı** verilmesini istiyorsunuz. Şimdi, bu programı yazalım ve modül kullanımına geçelim.

isletimsistemi.py - C:/Users/sugokhan/Desktop/giftedcoder/kitap/python_kitap/11 modül/program/isletimsistemi.py (3.

File Edit Format Run Options Window Help

```
#os modülünü dahil et
import os

#os.name eğer NT ise, windowstur
if (os.name=="nt"):
    print("Windows Kullanıyorsunuz")
else:
    print("Windowstan Farklı Bir İşletim Sistemi")
```

Modül Dâhil Etmenin Farklı Yolları

Modülleri programa dâhil etmenin 2 yolu vardır. Kullanımı birbirine çok yakın olan bu farklı kullanım yollarını yukarıdaki *işletim sistemi tespiti* programında örnekleyelim.

1. YÖNTEM

```
from os import *


if (name=="nt"):
    print("Windows")
else:
    print("Diğer")
```

2. YÖNTEM

```
import os


if (os.name=="nt"):
    print("Windows")
else:
    print("Diğer")
```

Modül tanımlama ve kullanım şekline dikkat edelim *(if kısmında).*

ÖRNEK HAZIR MODÜLLER

Python'ın Standart Kütüphanesi içinde hangi modüllerin olduğunu *https://docs.python.org/3/library/* adresinden inceleyebilirsiniz. Burada, işinize yarayacak 6 adet modülün nasıl kullanıldığı üzerinde durulacaktır.

DATETIME MODÜLÜ

Datetime modülü zaman, saat ve tarihlerle ilgili işlemler yapmamızı sağlayan önemli bir **standart kütüphane** modülüdür. Bu modül zaman, saat ve tarihlerle ilgili işlemler yapabilmemiz için bize çeşitli fonksiyon ve nitelikler sunan bazı sınıflardan oluşur. 3 adet sınıfı vardır. Bunlar

- Date
- Time
- Datetime

Bu çalışmayı örnekleyelim.

Program Kodlar ve Açıklamaları

```
#datetime modülünden
#datetime isimli sınıfı kullan
from datetime import datetime

#Bulunduğumuz anın değerini al
simdi=datetime.now()

#ekrana bas
print(simdi)
```

Ekran Çıktısı *(Kitabın yazıldığı tarihi gösterir)*

```
 RESTART: C:/Users/sugokhan/Desktop/
ram/datetime1.py
2018-04-17 19:36:08.990003
```

2018 yılı Nisan ayı (4. ay) 17. gün saat 19:36 ...

Peki ay, yıl, gün, saat, dakika verilerine ulaşmak için nasıl bir yol izlemeliyiz? Onu da görelim.

```
#datetime modülünden
#datetime isimli sınıfı kullan
from datetime import datetime

#Bulunduğumuz anın değerini al
simdi=datetime.now()

#yıl
print("YIL :",simdi.year)

#ay
print("AY :",simdi.month)

#gün
print("GÜN :",simdi.day)

#saat
print("SAAT :",simdi.hour)

#dakika
print("DAKIKA:",simdi.minute)

#saniye
print("SANIYE :",simdi.second)
```

Oluşacak Ekran Çıktısı:

```
 RESTART: C:/Users/sugokhan/Desktop/ç
ram/datetime1.py
YIL : 2018
AY : 4
GÜN : 17
SAAT : 19
DAKIKA: 42
SANIYE : 27
...
```

Calendar Modülü

Calendar modülü, takvim ile ilgili uygulamalar yapmanız ve takvim görüntülemeniz için geliştirilmiş bir modüldür. Kullanımı oldukça basit ancak çok işlevseldir.

takvv.py - C:\Users\sugokhan\Desktop\giftedcoder\kitap\python_kitap\11 modül\program\takvv.py (3.

File Edit Format Run Options Window Help

```
#calendar modülünü dahil et
import calendar

#haftanın ilk günü pazartesi
c = calendar.TextCalendar(calendar.MONDAY)

#2018 yılı 4. ayını görüntüle
c.prmonth(2018,4)
```

Oluşacak Ekran Çıktısı:

```
     April 2018
Mo Tu We Th Fr Sa Su
                   1
 2  3  4  5  6  7  8
 9 10 11 12 13 14 15
16 17 18 19 20 21 22
23 24 25 26 27 28 29
30
```

Şimdi de 2018 yılının tamamını nasıl görüntüleyeceğimizi öğrenelim.

```
#calendar modülünü dahil et
import calendar

#haftanın ilk günü pazartesi
c = calendar.TextCalendar(calendar.MONDAY)

#2018 yılının tamamını görüntüle
c.pryear(2018)
```

Müthiş bir ekran çıktısı ile karşı karşıyasınız. İşte 2018 takvimi.

```
                                  2018

      January                   February                   March
Mo Tu We Th Fr Sa Su      Mo Tu We Th Fr Sa Su      Mo Tu We Th Fr Sa Su
 1  2  3  4  5  6  7                1  2  3  4                1  2  3  4
 8  9 10 11 12 13 14       5  6  7  8  9 10 11       5  6  7  8  9 10 11
15 16 17 18 19 20 21      12 13 14 15 16 17 18      12 13 14 15 16 17 18
22 23 24 25 26 27 28      19 20 21 22 23 24 25      19 20 21 22 23 24 25
29 30 31                  26 27 28                  26 27 28 29 30 31

       April                      May                       June
Mo Tu We Th Fr Sa Su      Mo Tu We Th Fr Sa Su      Mo Tu We Th Fr Sa Su
                   1          1  2  3  4  5  6                   1  2  3
 2  3  4  5  6  7  8       7  8  9 10 11 12 13       4  5  6  7  8  9 10
 9 10 11 12 13 14 15      14 15 16 17 18 19 20      11 12 13 14 15 16 17
16 17 18 19 20 21 22      21 22 23 24 25 26 27      18 19 20 21 22 23 24
23 24 25 26 27 28 29      28 29 30 31               25 26 27 28 29 30
30

        July                     August                  September
Mo Tu We Th Fr Sa Su      Mo Tu We Th Fr Sa Su      Mo Tu We Th Fr Sa Su
                   1             1  2  3  4  5                      1  2
 2  3  4  5  6  7  8       6  7  8  9 10 11 12       3  4  5  6  7  8  9
 9 10 11 12 13 14 15      13 14 15 16 17 18 19      10 11 12 13 14 15 16
16 17 18 19 20 21 22      20 21 22 23 24 25 26      17 18 19 20 21 22 23
23 24 25 26 27 28 29      27 28 29 30 31            24 25 26 27 28 29 30
30 31
```

NOT EKİM, KASIM ve ARALIK ekrana sığmadığı için buraya eklenememiştir.

SUBPROCESS MODÜLÜ

Subprocess modülü, hâricî komutları Python içinden çalıştırabilmemizi sağlayan oldukça faydalı bir araçtır. Bu modülü kullanarak Python programlarımız içinden başka programları çalıştırabiliriz. Örneğin, **notepad** programını çalıştıralım.

```
#subprocess modülünü çağır
import subprocess

#kullanıcıdan bilgi al
program=input("Hangi programı açmak istersiniz?")

#kullanıcının istediği programı çalıştır
subprocess.call(program)
```

Oluşacak Çıktı ve Açılacak Program Şöyledir:

```
>>>
 RESTART: C:/Users/sugokhan/Desktop/giftedcoder/
ram/subkullanım.py
Hangi programı açmak istersiniz?notepad.exe
```

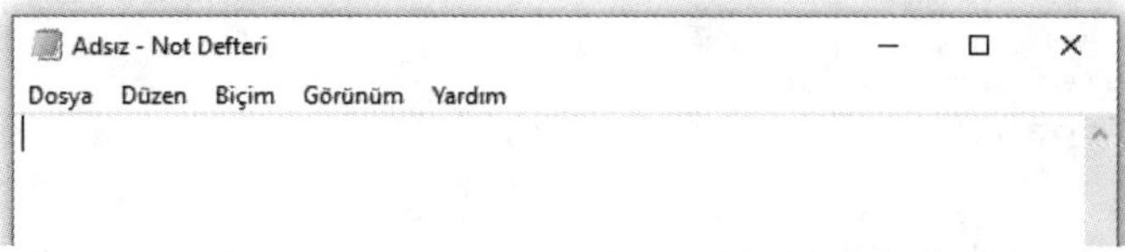

Subprocess modülü çok kullanışlı bir modüldür. Sadece başka bir programı açarken kullanmıyoruz. DOS komutlarını da kullanmasını sağlayabiliyoruz.

Şimdi, bir makineye `ping` atma işlemini yapalım. Ping işleminde, adresini yazdığımız makine karşılık verirse aktif ve çalışan bir makine olduğunu anlıyoruz. Şimdi, kullanımı görelim.

```
#subprocess modülünü dahil et
import subprocess
#ip listesi oluştur
iplistesi=["193.255.128.7","193.255.128.300"]
#listedeki her bir ip için
for ip in iplistesi:
    #ping at.
    p = subprocess.Popen('ping '+ip,stdout=subprocess.PIPE)
    # bekle
    p.wait()
    #eğer cevap 1 ise, pasif, değilse aktif
    if p.poll():
        print (ip+" pasif")
    else:
        print (ip+" aktif")
```

Şimdi de **ekran çıktısı**nı görelim. Makinelerden biri **aktif** bir diğeri ise **pasif** sonucu vermeli. Çünkü 193.255.128.300 diye bir IP adresi olmaz. Bu nedenle **pasif** olmalıdır.

```
>>>
 RESTART: C:/Users/sugokhan/Desktop/giftedcoder/
ram/pingatma.py
193.255.128.7 aktif
193.255.128.300 pasif
>>>
```

Web Browser Modülü

Bu modül, bilgisayarımızdaki ön tanımlı web tarayıcısı hangisiyse onu çalıştıracak ve bizim için istediğimiz web sayfasını açacaktır.

```
#webbrowser modülünü dahil et
import webbrowser

#kodlab web sitesini aç
webbrowser.open("www.kodlab.com")
```

Yukarıdaki kod çalıştırıldığında herhangi bir ekran çıktısı vermeyecek, bir web tarayıcı da KODLAB web sitesine gidecektir.

Şimdi **DEMETLER VE SÖZLÜKLER** kısmında yaptığımız iskambil kartı *(şanslı kart)* programına web browser aracılığıyla bir eklenti yapalım. Şanslı kartımız ne ise onun olduğu web sayfası karşımıza çıksın ve böylece tam bir uygulama geliştirmiş olalım.

```
import random
import webbrowser
#iskambil kartlarındaki simgeler demete eklendi
simgeler= ("karo", "kupa", "maca", "sinek")
#iskambil kartlarındaki yüzler demete eklendi
yuzler = ("2", "3", "4", "5", "6","7","8","9","10",
          "joker","kiz", "papaz", "as")
#rastgele bir simge seçildi
simgeniz = random.choice(simgeler)
#rastgele bir yüz seçildi.
yuzunuz = random.choice(yuzler)
#ekrana şanlı kart bilgisi yazıldı
sanslikart=simgeniz+"-"+yuzunuz
print("Şanslı Kartın",sanslikart )
#bakalım şanlı kartın ne diyor.
adres="http://sozluk.falderyasi.com/iskambil-kartlari-ve-anlamlari/"+sanslikart
#web tarayıcıda şanslı kartıma git
webbrowser.open(adres)
```

Ekran Çıktısı:

```
>>>
 RESTART: C:\Users\sugokhan\Desktop\giftedcoder\kitap\python_kitap\11 modül\prog
ram\sanslıkartwebbrowser.py
Şanslı Kartın kupa-9
>>>
```

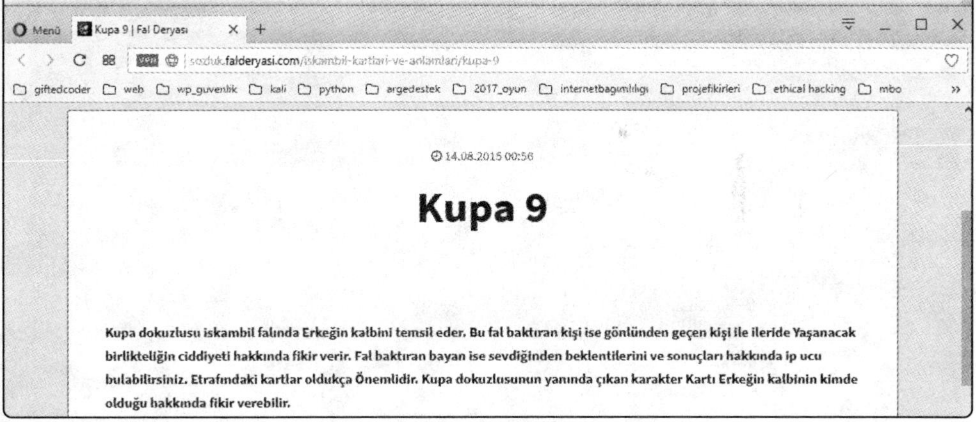

DOSYA İŞLEMLERİ

12

Şimdiye kadar yaptığımız bütün programlar, o anda çalıştı, işlemlerimizi yerine getirdi ve çalışmasını sona erdirdi. Ancak program yazarken kaydetmeniz gereken veriler de olacaktır. Normalde veritabanı kullanılması en uygun olsa da temel anlamda **dosya kullanımı** da işimizi görecektir.

Peki, bir dosya nasıl oluşturulur? Üzerinde nasıl işlem yapılır? Hadi bir göz atalım. Eminim artık size çok tanıdık ve kolay gelecektir.

Dosya Oluşturmak

Dosya oluştururken, okumak için açarken yazmak için açarken hep benzer komutları kullanacağız. *Peki, nasıl bir komut bu?*

```
f =open(dosya_adı, kip)
```

Yukarıdaki komutu inceleyelim.

F: Rastlantısal bir isim, `file` sözcüğünün kısa hâli. İstediğiniz bir ismi koyabilirsiniz.

Open(): Kilit görevdeki komut, her işi o yapacak.

Dosya_adı= Dosyaya vereceğimiz ad ve uzantısı.

Kip: Yazmak için mi, okumak için mi, eklemek için mi açıyoruz bunu ifade eder.

Pek çok dosya açma kipi vardır. Ancak biz en temel olanları burada açıklayacağız.

Kip	Açıklaması
"r"	Bu öntanımlı kiptir. Bu kip dosyayı okuma yetkisiyle açar. Ancak bu kipi kullanabilmemiz için ilgili dosyanın disk üzerinde var olması gerekir. Eğer bu kipte açılmak istenen dosya mevcut değilse Python bize bir hata mesajı gösterecektir.
"w"	Bu kip dosyayı yazma yetkisiyle açar. Eğer belirttiğiniz adda bir dosya zaten disk üzerinde varsa Python hiçbir şey sormadan dosya içeriğini silecektir. Eğer belirttiğiniz adda bir dosya diskte yoksa Python o adda bir dosyayı otomatik olarak oluşturur.
"a"	Bu kip dosyayı yazma yetkisiyle açar. Eğer dosya zaten disk üzerinde mevcutsa içeriğinde herhangi bir değişiklik yapılmaz. Bu kipte açtığınız bir dosyaya eklediğiniz veriler varolan verilere ilave edilir. Eğer belirttiğiniz adda bir dosya yoksa Python otomatik olarak o adda bir dosyayı sizin için oluşturacaktır.

Şimdi, ilk dosyamızı oluşturalım.

yazma.py - C:/Users/sugokhan/Desktop/giftedcoder/kitap/python_kitap/12 dosya işlemleri/program/

File Edit Format Run Options Window Help

```
#yazmaornek.txt isminde bir dosyayı
#yazma kipinde aç
f=open("yazmaornek.txt","w")

#dosyayı kapat
f.close()
```

Bu kadar basit işte. *Peki, oluşturduğumuz dosya nerede?* Python dosyamız neredeyse oluşturduğumuz **yazmaornek.txt** dosyası da yanında olacaktır.

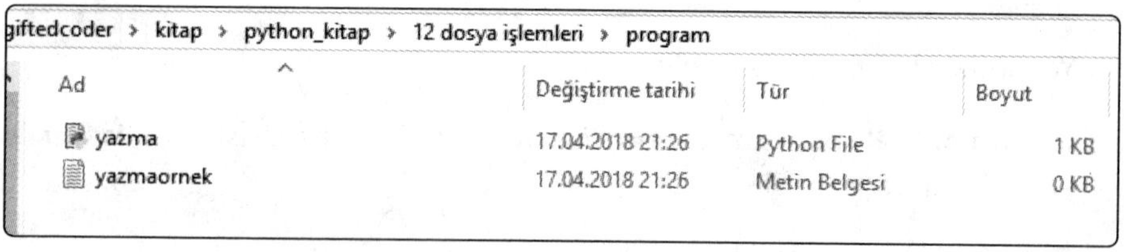

Peki, neden boyutu 0 KB? Çünkü henüz içine hiçbir şey yazmadık.

Hadi içine de bir şeyler ekleyelim.

```
#yazmaornek.txt isminde bir dosyayı
#yazma kipinde aç
f=open("yazmaornek.txt","w")

#dosyanın içine Gökhan SU yazdık.
f.write("Gökhan SU")

#dosyayı kapat
f.close()
```

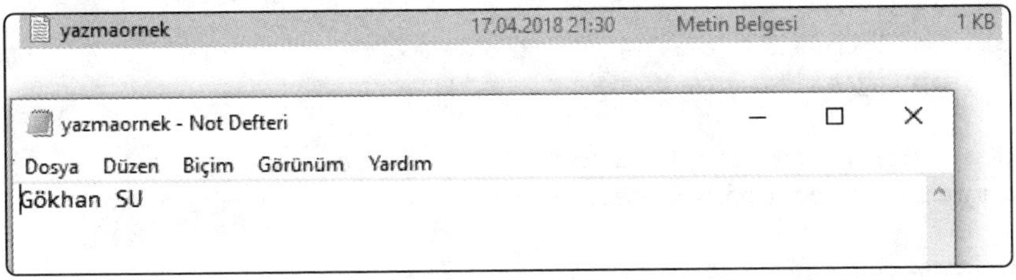

DOSYADAN VERİ OKUMAK

Bir önceki başlıkta, dosyaların içine bilgi girme işleminin Python programlama dilinde nasıl yapıldığını inceledik. Elbette bir dosyaya yazabilmenin yanı sıra, az önce oluşturduğumuz ve içine adımı *(Gökhan SU)* yazdığımız dosyayı okuyalım. *Peki, bunu nasıl yapacağız?*

Python'da bir dosyayı okumak için yukarıda anlattığımız yazma yöntemine benzer bir yöntem kullanacağız. Bildiğiniz gibi bir dosyayı yazma kipinde açmak için "**w**" harfini kullanıyoruz. Bir dosyayı okuma kipinde açmak için ise "**r**" harfini kullanacağız.

```
#yazmaornek.txt isminde bir dosyayı
#okuma kipinde aç
f=open("yazmaornek.txt","r")

#dosyanın içinde yazanı değişkene aktardık.
dosyaniniceregi=f.read()

#dosya içeriğini ekrana yazdık
print(dosyaniniceregi)

#dosyayı kapat
f.close()
```

Peki, oluşan çıktı nedir?

```
>>>
 RESTART: C:/Users/sugokhan/Desktop/giftedcoder/
mleri/program/okuma.py
Gökhan SU
```

ÖRNEK UYGULAMA: SEZAR ŞİFRELEME YÖNTEMİNİ KULLANARAK DOSYAYA KAYDETME

Dosyaya yazmayı ve okumayı öğrendik. Şimdi, **FONKSİYONLAR** kısmında öğrendiğimiz ve uyguladığımız **SEZAR ŞİFRELEME** yöntemi ile kullanıcının girdiği bir metni, şifreli bir şekilde dosyaya kaydedelim ve sonra da okuyalım. Örnek olarak "**KODLAB**" yazıp şifrelemesi ve dosyaya kaydetmesi için gönderelim.

sezarsifredosya.py - C:\Users\sugokhan\Desktop\giftedcoder\kitap\python_kitap\12 dosya işlemleri\program\sezarsifredosya.py (3.6.5)

File Edit Format Run Options Window Help

```
def sifrele(metin):
    sifrelimetin=""
    for harf in metin:
        asciikod=ord(harf)
        asciikod=asciikod+2
        karakterkod=chr(asciikod)
        sifrelimetin=sifrelimetin+karakterkod
    f=open("sezar.txt","a")
    f.write(sifrelimetin)
    f.close()
    print("Dosyaya kaydedildi")

def sifrecoz():
    metin=""
    f=open("sezar.txt","r")
    metin=f.read()
    for harf in sifrelimetin:
        asciikod=ord(harf)
        asciikod=asciikod-2
        karakterkod=chr(asciikod)
        metin=metin+karakterkod
    print("şifreli : "+sifrelimetin+" şifresiz: "+metin)

#ana program kısmı
sifrele("KODLAB")
```

Acaba dosyamız oluştu mu?

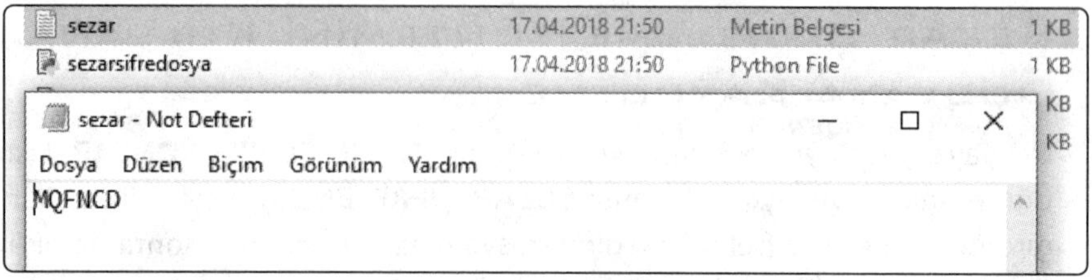

Dosya oluşturmak için "**a**" kipini kullandık. Bunun nedeni;

- **Sezar.txt** isminde dosya yok ise oluştur ve yazma modunda aç.
- **Sezar.txt** isminde dosya var ise içeriğinde var olanları silme çünkü sonuna ekleme yapacağım.

Hadi yazdığımızı okuyalım.

sezarsifredosya.py - C:\Users\sugokhan\Desktop\giftedcoder\kitap\python_kitap\12 dosya işlemleri\program\sezarsifredosya.py (3.6.5)

File Edit Format Run Options Window Help

```
def sifrele(metin):
    sifrelimetin=""
    for harf in metin:
        asciikod=ord(harf)
        asciikod=asciikod+2
        karakterkod=chr(asciikod)
        sifrelimetin=sifrelimetin+karakterkod
    f=open("sezar.txt","a")
    f.write(sifrelimetin)
    f.close()
    print("Dosyaya kaydedildi")

def sifrecoz():
    metin=""
    f=open("sezar.txt","r")
    sifrelimetin=f.read()
    for harf in sifrelimetin:
        asciikod=ord(harf)
        asciikod=asciikod-2
        karakterkod=chr(asciikod)
        metin=metin+karakterkod
    print("şifreli : "+sifrelimetin+" şifresiz: "+metin)

#ana program kısmı

sifrecoz()
```

Programın çıktısı:

```
>>>
 RESTART: C:\Users\sugokhan\Desktop\giftedcoder\
mleri\program\sezarsifredosya.py
şifreli : MQFNCD şifresiz: KODLAB
>>> |
```

NOT: Şifreleme ve şifre çözme fonksiyonları her iki kodda da aynıdır. Ancak anlam bütünlüğü açısından tümünün görüntüsünü ekledim.

ÖRNEK UYGULAMA: KÖŞELİ SAAT YAPMAK

Kodlarımız biraz uzun ama öğrendiğimiz pek çok şeyi uygulamak adına da harika bir program olacak. Kare saatteki **SAYI**'ları dosyadan alacağız. Dosyada her bir sayının sırasıyla koordinatları yazılmıştır. Bu dosyamızın adı **koselisaat.txt** olacaktır. İçeriği ise şöyledir.

```
50,225
100,175
100,125
100,75
50,25
0,25
-50,25
-100,75
-100,125
-100,175
-50,225
0,225
```

50,225 koordinatı saat "**1**" iken; 0,225 koordinatı saat "**12**" göstermektedir.

Kodlarımızı parça parça buraya alıp yorumlayacağız.

Modüllerin Dâhil Edilmesi

Hem `turtle` hem de `datetime` modülünü dâhil ediyoruz.

```
from turtle import *
from datetime import datetime
```

Saat Çerçevesi Oluşturalım:

Eni **250**, boyu **275** olan bir çerçeve yapıyoruz. Bunun için bir fonksiyon tanımladık. Kalem rengini siyah ve boyutunu **5** olarak belirledik.

```
#çerçeve oluşturmak için fonk.
def cerceve():
    pensize(5)
    penup()
    goto(-125,275)
    pendown()
    for x in range(2):
        fd(250)
        right(90)
        fd(275)
        right(90)
    penup()
```

Çerçeve ve Saatteki Rakamları Çizelim:

```
home()
#çerçeve fonksiyonunu çağır
cerceve()
#saatteki rakamları ifade etmek için
sayac=0
#köşeli saat dosyasını aç
f=open("koselisaat.txt","r")
#koselisaat.txt dosyasını satır satır oku
for satir in f.readlines():
    #saatteki sayılar için kullanacağız
    sayac=sayac+1
    #satır sonundaki ENTERi temizlemek için
    satir=satir.replace('\n', '').replace('\r', '')
    #koordinat ikilisini ayırıyoruz
    koordinat=satir.split(",")
    #koordinatın birinci parçası x,
    x=int(koordinat[0])
    #koordinatın ikinci parçası y,
    y=int(koordinat[1])
    #x ve y noktasına git
    goto(x,y)
    #gittiğin noktada sayıyı yaz
    write(str(sayac),font=('Arial',15,"bold"))
```

Saatin Akrebini Çizelim:

```
#simdiki zamanı öğren
suan=datetime.now()

#AKREP YAPIYORUZ
#saati öğren
saat=suan.hour
#merkeze git
home()
#0,125 ( saatine merkezine git)
goto(0,125)
#kalem rengini kırmızı yap
pencolor("red")
#kalemi bastır
pendown()
#sağa doğru dön,saat aralığı 30 derece
right(saat*30-90)
#70 birim git ve gel
fd(70)
fd(-70)
#kalemi kaldır
penup()
```

Şu andaki saatin bilgilerine göre **akrep** ve **yelkovan** çizilmiştir. Bunun için öncelikle `datetime` bilgisine ihtiyaç vardır.

Bu bilgi bizim için şu anlama da sahiptir: Akrep kaç derece dönecek. Bildiğiniz üzere saatlerin arası 30 derecedir. Mesela saat 1 ise akrep 30 derecede, saat 5 ise 150 derecede durmaktadır. Bu nedenle saat ile 30 derece çarpılır. *Peki, neden 90 çıkardık*. Çünkü `turtle` sağ tarafa bakıyor. Oysa saatin başlangıç noktası 12 rakamının olduğu yer yani yukarısı. İşte 12 yönüne bakmasını sağlamak için 90 çıkarmak durumunda kaldık. Yelkovan çizerken de hemen hemen aynı kodları kullandık, tek farkla; dakikalar arasındaki fark 6 derece olduğu için bu sefer elde ettiğimiz dakika bilgisini 6 ile çarptık. Yine yönünü yukarı doğru çevirmek için **-90** çıkardık. Böylece yelkovan çizilmiş oldu.

Yelkovanı Çizelim:

```
#YELKOVAN yapıyoruz
#dakikayı öğren
dakika=suan.minute
#merkeze git
home()
#kalem rengini mavi yap
pencolor("blue")
#saatin merkezine git
goto(0,125)
#kalemi bastır
pendown()
#sağa doğru dön, dakika aralığı 6 derece
right(dakika*6-90)
#100 adım git ve gel
fd(100)
fd(-100)
```

Gerçek Saati Ekrana da Yazdıralım:

```
#SAATI EKRANA DA YAZDIRALIM
#kalemi kaldır
penup()
#-100,-100 noktasına git
goto(-100,-100)
#gerceksaat metnini olustur
gerceksaat=str(saat)+" : "+str(dakika)
#ekrana yaz
write(gerceksaat,font=('Arial',60,"bold"))
```

BAKALIM SAATİMİZ NE DURUMDA?

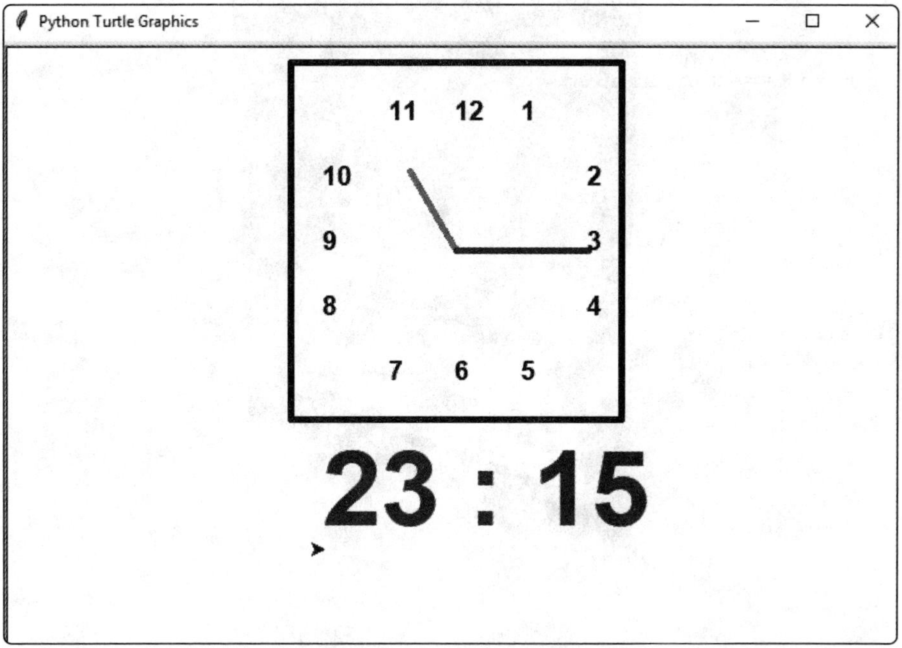

Gökhan SU
SCRATCH İLE PROGRAMLAMA
MEB MÜFREDATI İLE UYUMLU
hayal et
kodla
paylaş
11. BASKI
OKU, İZLE, DİNLE, ÖĞREN!
SCRATCH
İLE PROGRAMLAMA
İNTERAKTİF EĞİTİM VİDEOLARI KODLAB'DE!
KODLAB

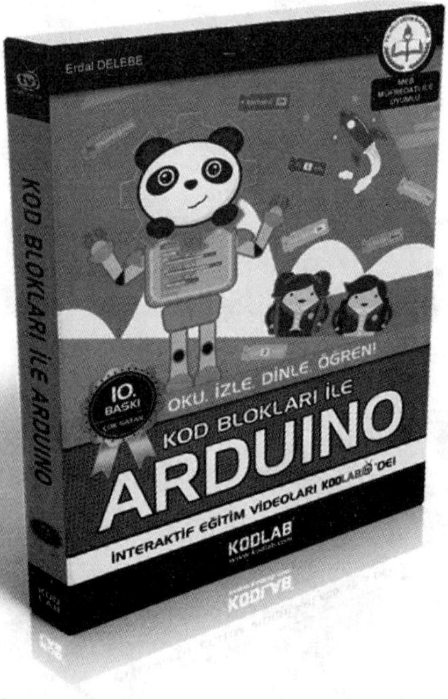
Erdal DELEBE
KOD BLOKLARI İLE ARDUINO
MEB MÜFREDATI İLE UYUMLU
10. BASKI
OKU, İZLE, DİNLE, ÖĞREN!
KOD BLOKLARI İLE
ARDUINO
İNTERAKTİF EĞİTİM VİDEOLARI KODLAB'DE!
KODLAB

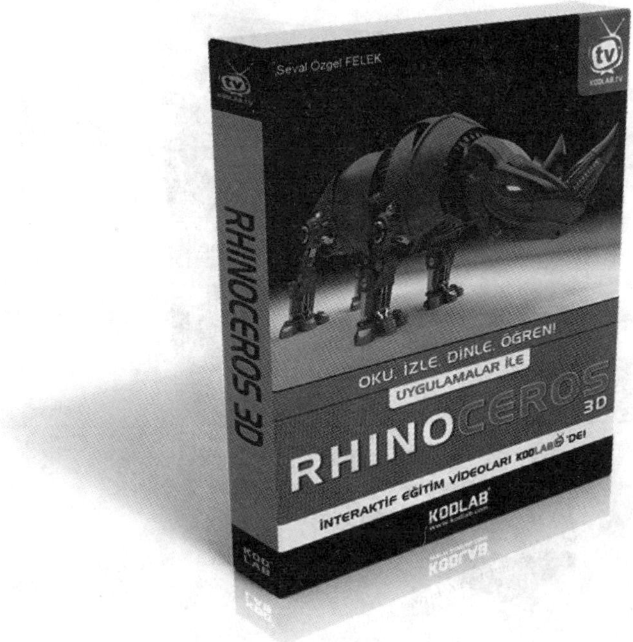
Seval Özgel FELEK
RHINOCEROS 3D
OKU. İZLE. DİNLE. ÖĞREN!
UYGULAMALAR İLE
RHINOCEROS
3D
İNTERAKTİF EĞİTİM VİDEOLARI KODLAB'DE!
KODLAB

"Her Çocuk Mucittir"
1
GENÇ
MUCİTLER
KODLAB

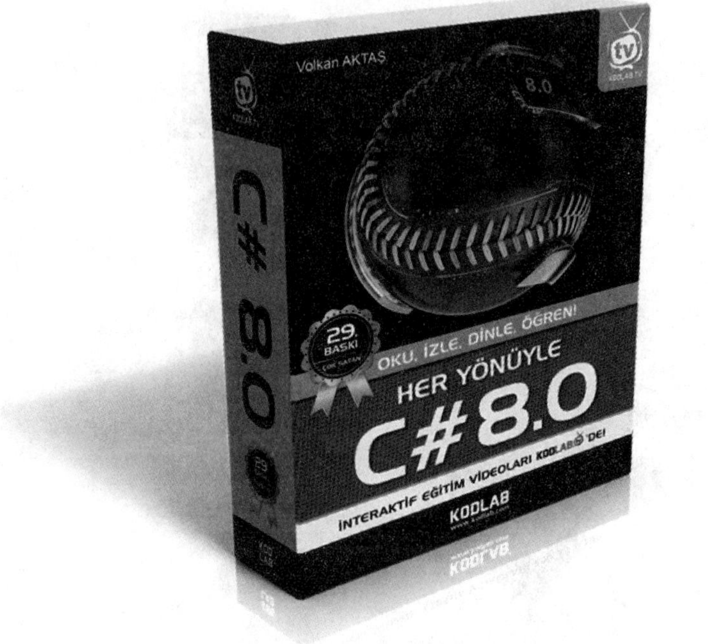

Volkan AKTAŞ
8.0
C# 8.0
29. BASKI
OKU, İZLE, DİNLE, ÖĞREN!
HER YÖNÜYLE
C# 8.0
İNTERAKTİF EĞİTİM VİDEOLARI KODLAB'DE!
KODLAB

Dr Ahmet Ali SÜZEN, Dr Kıyas KAYAALP, Mehmet Ali ŞİMŞEK
C# ÇÖZÜMLÜ SORU BANKASI
26 Konuya Ait 256 Adet Soru ve Çözümü
OKU, İZLE, DİNLE, ÖĞREN!
C# ÇÖZÜMLÜ SORU BANKASI
İNTERAKTİF EĞİTİM VİDEOLARI KODLAB'DE!
KODLAB

Emrah YÜKSEL
HTML + CSS + PDO + MySQL
OKU, İZLE, DİNLE, ÖĞREN!
SIFIRDAN İLERİ SEVİYEYE
PHP 7
WEB PROGRAMLAMA
İNTERAKTİF EĞİTİM VİDEOLARI KODLAB'DE!
KODLAB
PHP
KOD LAB

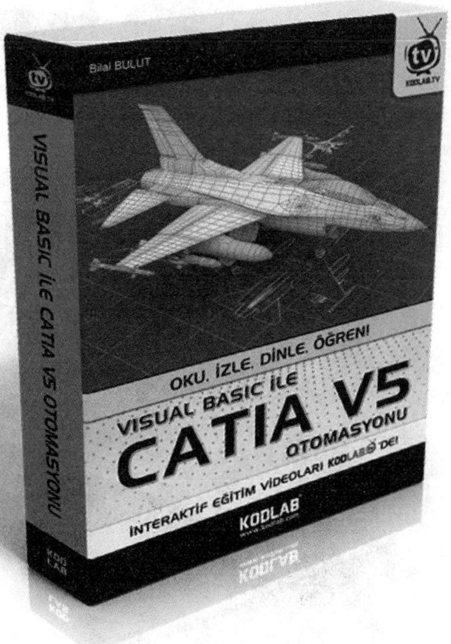
Bilal BULUT
OKU, İZLE, DİNLE, ÖĞREN!
VISUAL BASIC İLE
CATIA V5
OTOMASYONU
İNTERAKTİF EĞİTİM VİDEOLARI KODLAB'DE!
KODLAB
VISUAL BASIC İLE CATIA V5 OTOMASYONU
KOD LAB

Gökhan SU
tv
KODLAB.TV
OKU, İZLE, DİNLE, ÖĞREN!
HERKES İÇİN
ARDUINO
İNTERAKTİF EĞİTİM VİDEOLARI KODLAB'DE!
KODLAB
HERKES İÇİN ARDUINO

Öğr.Gör. Murat DIKICI
tv
KODLAB.TV
OKU, İZLE, DİNLE, ÖĞREN!
ANDROID
OYUN PROGRAMLAMA
İNTERAKTİF EĞİTİM VİDEOLARI KODLAB'DE!
KODLAB
ANDROID OYUN PROGRAMLAMA